绿手指杂货大师系列

自然风格花园

日本 FG 武蔵◎编著　　裘寻◎译

长江出版传媒　湖北科学技术出版社

　　自然风——一直以来人们都喜欢用这个词来描述生活空间。或许有人已经听腻了这个词，但几十年来，自然风一直随着岁月流逝而细微变化着，历久弥新，治愈了许多人。

　　近年来，自然风花园在强调美观性的基础上，更多地开始反映造园者的生活方式。而创作者的观念，也自然而然地融入了这些经年累月打磨出的花园之中。

　　这本书中所介绍的正是这类由造园者精心打造的花园。在这些空间里，日日变化的植物之美和居住者的痕迹和谐共存，令人身心舒畅。

　　希望正在读这本书的你，也能感受到这份舒畅，并从中找到适合自己的花园打造方式。

目 录
Contents

储物间这块空间是小岛家花园里最惊艳的地方。被木莲叶片遮掩着的小屋透露着岁月感。

意趣盎然的花园故事

自然且充满岁月感

花园历经年月会变得越来越有味道，这里为大家讲述 5 个用绿植、构筑物和杂货精心打造出美妙花园的故事。

Story of Garden

我想创造一个被绿意包围的空间，每天都被森林般的花园治愈着。

小岛京子

别致的铁皮水壶中混栽了各种多肉植物，摆放在花园一角的木椅上，成了花园里一个可爱的点缀。

茁壮生长的大树枝叶茂密，花园看起来就像处于一片森林之中。最高的赤杨是这个花园的标志树。

小岛京子一家在 15 年前搬到了这里，为了打造一个被绿意包围的空间，他们在建造花园时下足了功夫。

花园里的植物以榉树、栲木、山茱萸、山白蜡等落叶树为主。春天，柔嫩的新芽晶莹透亮；秋天，红叶为大地染色。一年四季，景色流转，颇有兴味。

以树木为主的空间往往会给人幽静的印象，而储物间的存在又为整个花园增添了光彩，为了让储物间看起来更加赏心悦目，小岛在设计上颇费了些心思——搭配了一些旧杂货，将它打造成犹如画册中的场景。摆放在植物中间的废旧工具也是花园的看点，老旧的杂货和鲜嫩的绿植相映成趣，处处流露着怀旧的风情。

花园主路上铺设的枕木营造出一种朴素的氛围。茂盛的绿植从路的两边延伸至枕木上，更添一层自然气息。

储物间的侧墙被活用成展示角，靠在墙上的旧轮子和木梯子营造出有生活感的温馨场景。

废弃的手推车重新刷了漆，改造成了
别具一格的花器。种满多肉植物后装点在
花园之中，格外吸睛。

2.

挂在屋檐上的这个插着螺丝刀的铁皮罐是小岛用旧物改造而成的，里面种植的圆扇八宝已经垂落下来，微风吹过，它们便随着风轻轻摇曳。

3.

用旧牛奶罐改造的花架上挂着两个种满多肉植物的杯子，顶部的平底锅中也满是植物——好一个充满风情的角落。

1. 这把木梯是朋友送给小岛的，小岛将它装饰在了一棵大赤杨树旁，打造出如童话书中的场景。

将旧物改造成花器
种满生机勃勃的植物

Kyoko's garden Essence

4. 斑驳的工具箱摇身一变成了一个独特而醒目的花器，种满植物，摆放在小路旁，吸引着漫步者的眼球。

5.

一把历经风吹雨淋的老式椅子上摆放着一个种满植物的红色工具箱。亮丽的红色与一片绿意形成鲜明的色彩冲击。

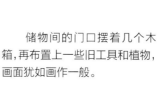

储物间的门口摆着几个木箱，再布置上一些旧工具和植物，画面犹如画作一般。

Story of Garden

外墙被藤蔓覆盖的储物间完美地融入了这个如森林般的花园，风化的木门又增加了一丝复古的味道。

围栏既是屏风，
又是展示台

花园的边界安装了灰色的围栏，浅色的背景让摆在前面的植物更加突出，与此同时，围栏还可以作为陈列杂货的展示台。

专业人士打造的小屋
是花园的亮点

这间储物间是由日本 Alta 建筑公司建造的，即使已过了多年，它依旧是花园中的亮点。

小岛家的花园原本是一块猕猴桃田。清理完田土后，小岛按照想象中的样子在花园里种上了树，并用枕木铺出了小路。除了那间 9 年前由建筑公司搭建的储物间外，花园里的大部分布置都是小岛亲手完成的。

House

用低矮的木栅栏
隔开停车场和花园

用自制的木栅栏将花园与旁边的停车场隔开，留出了门可自由进出。

花园深处的木质平台
连接着房屋内外

小岛家的客厅外设置了一个平台，从这里可以直接进入花园。四周高大的树木使得风很难吹进来，所以在冬天，这里也是多肉植物的庇护所。

　　小岛家花园中摆放的旧杂货，大多是她从回收店或者熟人那里淘来的。这些旧物不但可以点缀花草树木，还可以作为花器使用。小岛特地强调："废旧的烧烤台和手推车也能当作花器哦！"在她的奇思妙想下，这些独特的花器与她最喜爱的多肉植物相互搭配，相得益彰。小岛还喜欢把胖乎乎的多肉植物与陈旧的物品组合起来，像杂货一样摆放在花园里。

　　为了方便打理，也为了更好地欣赏花园里的细节，小岛设计了一条贯穿花园的小路，用枕木、鹅卵石、小碎石和多余木材制成的木屑等材料来铺设地面，并在每个转角都制造一些亮点，这些巧妙的设计让单调的步行也充满乐趣。

　　小岛以她独到的设计理念给花园增添了许多变化，让光鲜的绿色花园更有看点。

手工搭建的围栏上装上架子，摆上工具，成了一个有趣的展示墙。灰色的背景与色彩缤纷的杂货相得益彰。

旧杂货 × 绿植，
赏心悦目的黄金搭档

主屋的窗前栽种着橄榄树，树叶的背面呈银色，被风拂过时，泛起温柔的银光。

种满多肉的杂货

上 / 格子架上的杂货中栽满了多肉植物，可爱极了。红色的浆果和漆白了的沉木也让人眼前一亮。

左 / 白色的铁盒和鲜嫩的多肉植物让复古的木架多了几分亮彩。

Story of Garden

我想打造一个小森林般的花园，
享受浓淡相宜的绿意时光。

山下洋一

木质平台的一角以木箱和梯子作为展
示架，摆放上小型盆栽。白板墙上挂着的
黑色星星让人眼前一亮。

复古百叶窗靠在屋子外墙上，上面挂着绿色植物。花叶地锦和多花素馨交织在一起，营造出自然的氛围。

这个露台与客厅相连，山下在这里养护和售卖植物幼苗。四周以木板环绕，犹如一个室内空间。

这个角落种植着圆叶薄荷和一串红等一些稍高的植物。微风拂过，它们在风中摇曳，十分迷人。一张法式铁艺婴儿床被当作支架使用。

多肉植物
展示角

斑驳的白色抽屉作为多肉植物的展示架，令下垂的枝条格外显眼。

5年前，山下创办了一家花园设计施工公司，他以自家的花园作为样板花园，并将其毕生的设计精髓注入其中。

花园的入口处有一段用比利时石块铺成的小路，山下将短短的小路制造出了高度差，让它有了自然的立体感，犹如森林中的步行道。小路的尽头是一个木质平台，与主屋的客厅相连。白色的木墙上挂着可售的珍稀花苗，还有一些装饰的木箱。去年年底，花园西侧的小屋建好了，灌木丛中又多了一道精致的风景。

山下说："与植物最为相配的、最有氛围感的，果然还是复古的物件！"瞧，他装饰花园的杂货和栅栏全都是旧物。

"我家的花园位于住宅区，面积并不大。但稍微调低视线，这些灌木看起来就像是森林中的树丛一样，纵深感一跃而出，氛围感十足！"坐在视野最佳的长椅上，看着风景，山下顿感心情舒畅。

1.

废旧的木架周围摆放着盆栽和旧罐子。木板经风吹雨淋后独有的质感，给此处增添了些许自然、复古的感觉。

2.

用锈迹斑斑的铁艺玻璃防风烛台作为展示架，其中巧妙地搭配了一个种着千叶兰的马口铁壶。

3.

倚在木墙上的这具铁艺栅栏据说来自法国一座皇家庭院。朴素的墙角经过一番装点，多了些趣味，仿佛欧式花园的一角。

Youichi's garden Essence

复古杂货为绿植增添雅致感

4.

一个精致的复古鸟舍在植物间若隐若现，看起来就像是迷失在森林里的小屋一样。旁边搭配了一个洋蓟形状的雕塑。

5.

小屋外墙旁随意地靠着一具装饰性的栅栏。斑驳的蓝色漆不经意间成了葱茏绿意中的一抹别致的景色。

在一地茂盛的金钱薄荷中，这把铁艺小椅子成了焦点。椅身勾勒的优美线条与绿植融为一体。

小路的尽头是一间由山下亲手搭建的
储物间，小屋周围点缀着各种树木和灌木
丛。墙壁被刷成了乳白色，屋顶用的则是
普通房屋也能使用的建筑材料。

**白色木墙内的
宽敞木质平台**

登上小路尽头的台
阶，就是连着客厅的木
质平台。郁郁葱葱的鲜
花和绿植在经典的白漆
木墙下显得格外醒目。

**精致的小屋
是花园的新看点**

因为客户说想看
小屋的设计，于是山
下在花园中加盖了一
个用来存放材料的储
物间。纯木结构的小
屋十分结实。

山下的花园最初只是一片草
地，经过多年的改造，如今变成了
一个犹如小森林的天然花园。石
头铺成的小路周围长满了地被植
物，形成了一道自然的风景，手工
建造的木质平台还能作为花苗的
售卖场地。在花园的一角加盖的
储物间也自然地融入花园之中。

玄关前的绿色隧道

连接玄关的小径草木茂
密，仿佛一条绿色隧道。在花
园的左侧设置了壁板，挡住了
外面的视线。

**为花园增色的
比利时石块小路**

这条由凹凸不平的比利时石块铺成
的弯曲小路给人以纵深感。路的中段被
略微垫高，视线的高度也随之变化。

　　山下的花园中草木葱茏，充满了迷人的自然气息，完全想象不出这里曾经只是一块平平无奇的草地。多年来，山下在
花园中栽种了金合欢树、茶树，以及各种果树，总共不下100种。这些郁郁葱葱的大树在种下之初大多只是矮小的幼苗。

　　山下的花园其实是朝北的。在北向花园中，植物还能生长得如此旺盛，这得益于山下独特的造园技术。他亲手调配的
土壤十分松软，便于植物生根发芽，茁壮成长。花叶地锦等藤本植物已经从一株蔓延到了整个花园，甚至从木质平台上探
出头去。地面坡度适中，排水良好，植物即使种在背阴处也完全没有问题。坡度由花园中心向外侧逐渐升高，给人以纵深
感。

　　"其实，朝北的花园更容易管理，"山下说，"夏天的时候不会太晒，植物也不易干枯。"早春的含羞草、春日的月季、
初夏的绣球、秋日的桂花和枫叶，还有冬天的圣诞玫瑰……在山下所打造的自然花园里，四季各有不同的花草树木、不同
的美景，就连野草也与它们融为一体。山下说："前几天花架被台风刮坏了，我想尽快重建。"山下在繁忙的工作之中，依
旧在追求自己的梦想，继续打造自己的花园。

鲜嫩的黄色
点亮了花园

上／马缨丹开着漂亮的白花，正从栅栏间探出头来。
左／山下很喜欢金合欢树，他收集了很多个品种，种在他的花园之中。左图中的是'金顶相思'，它的特点是叶片很小。

入口处这辆吸引眼球的复古木质手推车是用来运送树苗的。"随意放在那里就很好看，用来搬东西也很方便。"山下说。

茂盛的树木
绘出一道自然的风景线

欧式的房屋和树木融为一体。左侧这棵高大的桉树，栽种时还是棵1米多高的树苗，现在已经长到15米左右了。

小径左侧的围栏后就是主花园，主人特意在主屋与花园之间做了隔断，让来往的游人更加期待花园内的景色。

色彩不同，植物不同，花园的氛围也大不相同。

——田中香里

在砖块和碎石铺成的小路旁用旧铁罐和植物进行点缀，再装饰上篮筐和砖块，更加醒目。

储物间旁采光不好的一侧被做成了展示角。桌子和木架叠在一起，并装饰上了杂货。

在搬到这里之前，田中就喜欢在自家公寓的阳台上种植物。5年前，她买下了这套带花园的二手房，便开始了她打造梦中花园之旅。

田中家的花园最大的亮点就是小屋旁窄道的一角。由于此处位于花园的西侧，强烈的西晒和北风让植物难以生长，为了改善种植条件，田中在花园边缘安装了百叶围栏，以控制光线和风向；围墙被刷成了蓝色，让空间变得十分清爽；在围墙的尽头，她参考园林杂志设计了一个公交站样式的小屋。小屋前有一架爬满藤本月季'雪天鹅'的拱门，屋顶上牵引着野蔷薇，这样的美景不知不觉就将人吸引了过去。通往小屋的路是缓缓弯曲的，加强了纵深感。就这样，难以被利用的狭长空间，经田中之手，焕然一新。

漂亮的花朵惹人爱

左 / 蓝色的围栏前种着白色蕾丝花和开黄花的绿叶植物，清新极了。
下 / 盛开着白色花朵的藤本月季'雪天鹅'枝头悬挂着灯笼，氛围感十足。

田中在花园的西侧搭建了一个木质小屋，将人们的视线引向深处。前方的拱门上牵引着两种白色月季，让景致更加迷人。

花架的侧面被活用成了展示墙，装饰上了刷子、篮筐等工具，篮筐里还种植了垂吊植物，让角落有了动态感。

在花架柱间安装几块横板，就做成了一个摆放多肉植物和杂货的架子。为了能看到园中的景色，特意没有安装背板。

将4个小木箱叠放作为盆栽和杂货的舞台。马口铁罐和镂空铁筐既让这些装饰有了统一感，又营造出了可爱的氛围。

Kaori's garden Essence

用手绘涂鸦
点亮花园的角落

3. 柱子上的数字是田中搬来这里并开始造园的年份。白色的蕾丝花和蓝色的矢车菊为此处增添了一抹清新的色彩。

1. 叠涂着蓝色漆和白色漆的百叶围栏前种着小花，围栏上写的是法语，意思是"蓝与白是世间的永恒"，情调十足。

2. 一把巴掌大小的迷你椅隐藏在茂盛的青柠色彩叶植物之间。椅子上的蓝色涂鸦是一大亮点。

站在入口处可以看到一部分主花园的景色。花园中原有的树木和后来种植的花草之间形成了高低差。沿着花架的左侧向里走，就来到了花园的西侧。

上左 / 小屋隐藏在野蔷薇后，显得格外温馨。窗檐是田中用树枝亲手制作的，透露着自然的感觉。

上右 / 安在围栏上的壶架是用铁丝手工制作的，挂上漆成五颜六色的小罐子，可爱至极。

蓝色的木围栏上挂着铁丝筐，里面摆放着松果，多了几分自然的趣味。野蔷薇轻柔地靠在一旁，画面甚是可爱。

花架建在窗外，
美景尽收眼底

　　这个带花坛的花架是今年初春完工的。花架搭建在客厅的窗前，这样在室内就可以欣赏葡萄和月季交织的美景了。

公交站样式的小屋，
将视线引向深处

　　两年前，田中在西侧小径的尽头处建了这间小屋，还把它刷成了莫兰迪色系的沙灰色。

　　田中家的花园中，除了大型的围栏和木质平台是由建筑公司建造的，其他一切都由田中自己亲手完成。她花了5年时间来翻建这座二手房的花园，对花园里的每个角落都进行了精心的设计搭配。

House 📖

Parking

围栏前的
植物美景

　　花园的南侧因围栏的遮挡，阳光不够充足，田中在此处种上了耐阴的绣球和观叶植物，将这里装点得多姿多彩。

月季让花园入口
更迷人

　　停车场对面的围栏上爬满了藤本月季'龙沙宝石'，围栏内是一个木质平台。

　　田中家主花园的南侧原本装饰的是格子形的铁栅栏，园内的景色很容易被路人一览无余。花园中央是草坪，周围种植着山茶花等树木，有着浓郁的日式风情。改造之初，田中请建筑公司在花园四周安装了茶色的树脂围栏，而在作为孩子们游乐场所的草坪周围，保留了部分已经长大的树木。此外，田中在客厅的落地窗外亲手制作了一个带花坛的棕色花架，给花草搭建了一个闪耀的舞台。

　　如今，月季被牵引到了停车场旁的围栏上，优雅地装点着入口，欢迎客人的到来。主花园中，花坛里和花架上花草的柔和色调也十分赏心悦目。植物之间、手工架上都装饰着杂货，作为可爱的点缀。改造的过程虽然艰辛，但田中克服了重重困难，为打造梦想中的花园而不断努力，她让花园的每个角落都别有一番风味，整个花园和谐又充满了韵律。

　　田中说："花园的基础结构已经建设完成了，后面我想再多种一些植物。"她想要在不断地试错之中摸索进步，打造出更加绚丽的景色。

上、下 / 花园里装饰了不少动物装饰品，这些小小的脑袋从草丛中露出来，走到哪里都能发现可爱的场景。

平台一分为二，入口一侧作为展示区，后面作为晾晒区。手工门正好将晾晒的衣物隐藏起来。沿着围栏探出的月季枝条被田中藏在了麻布袋后，防止孩子被尖刺伤到。

朝向街道的车库一侧，粉色月季是耀眼的主角

平台入口右侧的花坛是花园里阳光最好的区域。田中在这里种满了耐高温的一年生植物，将此处打造成了一个生机勃勃的角落。

冰冷的铁丝架配上开着温柔小花的香叶天竺葵，形成了有趣的组合。

藤本月季'龙沙宝石'爬满了围栏。绚丽的粉色花朵在深色背景下格外醒目。

Story 04

用粉嫩的花朵
迎接你

花架旁盛开的是月季'弗利西亚',花朵大且芳香馥郁。漂亮的粉色小花是月季'梦乙女'。

为了打造一个如咖啡馆的休闲空间,
我搭建了许多有主题性的构筑物。

—— 内田美知子 ——

左 / 储物间旁的展示角,生锈的铁罐看起来很有格调。
右上 / 坐在房子的二楼就可以看到茶亭和带长椅的花架。茶亭右边有一个用迷迭香做的篱笆。
右下 / 带长椅的花架前有一道拱门,两边牵引了月季'弗利西亚'。由于月季才种下不久,还没长到顶端,但很期待它能覆盖拱门的那一天。

夫妻俩在花架旁边搭建了一个储物间，用来存放园艺工具。旁边的加拿大唐棣长得很高大，夏天可以遮阳，是美知子最喜欢的地方。储物间的外墙装了层木板，装饰了一些可爱的物件。

内田夫妇很喜欢园艺，过去住在公寓的时候就常常养些盆栽植物。因此8年前夫妻俩准备建造这所房子时，就希望创造一个真正具有自然气息的花园。妻子说："花园四周的土地开阔平坦，从任何方向看过来都一览无遗，我们要自己动手，搭建构筑物来遮挡视线。"

夫妇二人同心协力，盖房子和造花园同步进行。第一步是搭建划分区域用的围墙，随后夫妇二人又打造了花架、储物间、茶亭和一个花房。由于小孩子调皮好动，他们不便在屋内装饰许多小物件，于是，他们就把花房改造得如同房间，摆放上了喜欢的杂货。

内田夫妇创作的作品都极具自然感，完美地融合在了花园之中。

1. 鲜嫩的绿植在铁架和生锈的罐头盖的映衬下，更加醒目。

茶亭的墙板上也装饰了许多小物件。垂直的木板墙与这个用钢板和钢架搭成的茶亭十分相配。

2. 双层的白色镂空花篮里装饰着多肉植物，旁边摆放着各色的玻璃瓶，色彩丰富的装饰让这个角落瞬间明亮了起来。

这是花房旁边的一个展示角。门上装饰了一个花环，十分可爱。前方的井是为了浇灌花园中的植物而挖的。

Michiko's garden Essence

像室内装饰一样打造花房

3. 这个花房被设计得像一个室内空间，有壁炉式的台子、镜子式的木框，再装饰上自己喜欢的植物和杂货，待在此处犹如坐在客厅一般舒适。

入口处的花架前还有一具画架式的招牌，老木头经过雨水的慢蚀，变得很有味道。

手工门配上格子窗，
可爱极了

储物间设计成
了乡间小屋的样式，
横置的墙板给它增
添了些许田园风情。

用帐篷布
遮挡阳光

茶亭顶部有一块
帐篷布，在炎热的夏
天可以遮挡阳光。

美知子说："由于花园周围都
是田野，视野非常开阔，我们有
些介意被外面看到，所以决定建
一个栅栏之类的构筑物来遮挡视
线。最终我们打造出了一个充满
自然气息的可爱花园。"

House

亲子的
休闲时光

装饰着厨房用品的
漂亮花架

连接着房屋的花架上
装饰着篮子、厨具和餐具，
仿佛一个户外厨房。

一年前新建的花房

宽敞的花房里收纳了一些不
宜放在室内的杂货，以免伤及孩
子们。左边的凉亭是由专业人员
建造的。

　　内田家的花园曾经是一块停车场，地面坚硬，建园之初，内田夫妇费了很大的工夫来翻新土壤。内田家所在的城市紧
挨着熊谷市——号称"日本最热的城市"，夏季炎热，冬季寒冷，并非适宜植物生长的好地方。美知子抱怨说："都怪从河
边吹来的强风，连多年生植物都枯死了。"夫妇二人尝试种植了多种植物，在经历了多次失败之后，他们现在种植的都是
适合这种环境的植物。

　　花园内铺设着草坪，草坪上点缀着五彩缤纷的花朵。夫妇二人从建园之初就在花园里种上了藤本月季，如今，柔长的
枝条已爬满了栅栏和拱门，花期还能欣赏到大量美丽的花朵，让家人欣喜不已。被牵引至栅栏的铁线莲目前还很小，等藤
蔓把栅栏完全覆盖的时候，一定会很漂亮。

　　"我们试着在茶亭旁边用迷迭香做了一个绿篱，效果很好，所以考虑在朝路的一侧再做一个，"美知子说，"我们在造
园时使用了大量的木材，才创造出了这个温暖且温柔的花园。"

用水管来装饰花房旁边的木板围墙，这是作为水管工的男主人想出来的创意。

旧水管和厨具让后院墙面更加俏皮

Story of Garden

粉红色的藤本月季'龙沙宝石'不仅作为隔断遮住了玄关，漂亮的花朵与白色凉棚也十分相配，给人留下唯美的印象。

吸引眼球的
生锈杂货

上 / 带有两个水龙头的水管很是独特。仿古景观灯和红色手推车都锈迹斑斑，营造出一种怀旧的氛围。
左 / 这个角落装点着旧水管的水表和水阀，机械与植物的组合别有新意。

我花了26年的时间建造了一座英国绘本中的理想花园。

✈ 远藤初子

从阁楼休闲区向外望，优雅的白色内饰与被门裁成独特形状的绿色花园让人眼前一亮。

花园的一角有一个小木屋，主人将其作为储藏室用。绿色的植物与其做旧的外观格外相衬。

26年前，初子女士搬到了这个充满自然气息的小城，从此开始了她的花园创作。她将自己生动的感知力和对植物深切的喜爱之情注入了花园之中。除盛夏与寒冬外，花园在其他时间都对外开放，不少游客都慕名前来。

初子以她最喜欢的英国绘本作家吉尔·巴克莲所描绘的童话森林世界为蓝本，建造了这座花园。登上通往主花园的楼梯，映入眼帘的是一些可爱的构筑物，如带着烟囱的小屋、尖顶拱门等。身处于此，仿佛徜徉在画册之中。

这些构筑物大多是由远藤夫妇共同完成的。初子以西方书籍为参考进行设计，擅长木工的丈夫将它们变为现实。不仅是设计别具一格，颜色也选得别出心裁。乳白色的墙面特意用蘸着棕色漆的抹布拍打涂抹，看起来像是历经了长久的岁月。

用绿植装点窗台

上 / 小窗下的铁艺花架里摆放着几盆藿香蓟，紫色的小花为这个角落注入一抹独特色彩。
左 / 窗台上放着一盆常春藤，绿色为房间增添了新鲜感。

登上通往主花园的楼梯，映入眼帘的便是这样一幅如画的美景。精致的小屋从门框露出一角，让人对深处的空间充满了期待。

锈迹斑斑的牛奶罐上摆放了一盆微型月季。老旧的材质突出了花朵的优雅，增强了月季的存在感。

Hatsuko's garden Essence

随意摆放的杂货
给花园增添风情

3.

倚在墙边的木梯上摆放着未上釉的花盆和喂鸟器，长满花盆的青苔和覆盖四周的地锦让它们看起来充满了岁月的痕迹。

2. 小屋外墙的架子上陈列着带有花朵图案的杂货，花盆中摆放着绿植。白色与绿色的组合让这个角落格外清新。

4.

靴子形状的花盆放在花坛的一角，形成一个可爱的亮点。柔和垂下的枝条与周围的植物融为一体。

5.

小屋内的一角。几只粉色的繁星花从凳子上的竹筐里探出头来，形成一道温柔的风景。

花园后方有一个三角尖顶拱门和一间小屋。绿植将构筑物与花园自然地连接在一起。

6. 通往花园的楼梯两边摆放着花盆和雅致的杂货，藤本植物的枝条轻柔蜿蜒而上，更提升了氛围感，走在这里也是一种享受。

迷宫般的
花园建筑

登上楼梯，映入
眼帘的是一条错综复
杂的园路。一眼看不
到尽头，激发了来客
的想象空间。

被绿植覆盖的建筑，
让人想一探究竟

左侧的拱门是通
往花园的入口。覆盖
着绿植的建筑外墙显
得很有情趣。

House

花园的深处
另有一方天地

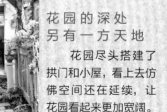

花园尽头搭建了
拱门和小屋，看上去仿
佛空间还在延续，让
花园看起来更加宽阔。

Story
远藤的
花园故事

远藤家的地势非常独特，需
要由一座楼梯通往花园。刚搬来
的时候，花园里有很多水泥地，
种植区只有几棵树。夫妻俩携手
一点一点打造构筑物，并栽培了
与之相配的植物。

阁楼休闲区是放松
身心的好去处

阁楼休闲区正对
着客厅的落地窗，别致
的屋顶让它多了几分魅
力，可以作为第二客厅
使用。

用采摘的鲜花
装饰房间

为了搭配精致的构筑物，花园中栽种的植物都是夫妇二人精心挑选的。常春藤、地锦、葡萄等藤本
植物爬满了墙面，使构筑物自然地融入花园之中。绣球、铁线莲、微型月季等都选择了开浅色系花朵的
品种，更容易与空间融合。"花园中多为水泥地面，种植空间有限，我们通过盆栽的方式巧妙地增加了植
物的体量。此外，我们还种植了大量的加拿大唐棣、枫树等落叶树，打造了一个能感受到四季变化的花
园。"初子说。

随意摆放的杂货也是提升花园格调的重要元素。陶罐、铁皮花洒、铁栅栏等朴素的杂货，随着时间
的推移会形成独特的质感，与花园整体氛围融为一体。"触摸植物或是欣赏风景，没有什么能比待在花园
里更幸福了。"初子说。

初子对理想空间的追求是永无止境的，她不停地打理着自己的花园，继续创造着更多美丽的景致。

通往花园的楼梯被杂货和绿植包围，走在这里都是一种享受。每上一级台阶，期待感都会增强。

爬满藤蔓的墙壁更显魅力风趣

浅色的花朵清新雅致

上 / 在背阴的角落里，植物也在茂盛生长。

右上 / 一团一团盛开的白色绣球，纯净的花色让花园明亮起来。

淡紫色的猫薄荷作为点缀，蓬松的小花让美丽的景致过渡自然。

入口处的一角。在单调的水泥墙面上设置了一扇假门，变身成画册里的场景。

巧用杂货

打造有看点的
花园角落

用花植打造的花园自然雅致，韵味十足。杂货的加入则让花园更具有故事性。我们采访了4位热爱杂货的园丁，请他们与我们分享造园心得。

花园的一角用蓝色系的水桶和锅具作为花器，种上植物，并搭配同色系的景观灯。主人为杂货选定了一个主题色调，巧妙地让角落统一起来。

Lantern

Basket

Cake pan

Percolator

上 / 烛台和复古灯具随意摆放在木香花旁。这类黄绿色和浅蓝色的杂货很容易与绿色植物融为一体。

下左 / 一具废弃的缝纫机架被用作花台来摆放杂货和植物。为杂货确定一个主题能让画面更加鲜活，这里摆放的糖罐、红茶罐和糕点模具等都是厨房杂货，让人犹如置身花园里的蛋糕店中。

下右 / 花架上摆放着圆扇八宝等景天属盆栽。一旁的咖啡壶和糕点模具容易让人联想到享受咖啡的时光，从而让场景更具有主题性。另外，统一杂货的颜色和材质也是一个小技巧。

案例 1

巧用杂货
装饰和改造花园空间

丸三女士

 hint

用小家具和木箱来进行有立体感的展示

1. 木质围栏前的一个展示区摆放着椅子和木箱，四周的罐子、篮子、木框等杂货让空间更有立体感。2. 在以棕色为主色调的空间中，白色的木椅和铁锹格外抢眼，椅子上的红色水桶也很显眼。一旁的浅灰色花架上摆放着罐头和盆栽，高低不同，错落有致。3. 蓝色木架上面挂着马口铁及搪瓷材质的杂货。将它们布置在种满宿根植物的区域，鲜明的色彩让人眼前一亮。4. 这个角落是围绕着一个废弃的缝纫机架打造的。考虑到整体的平衡，下面摆放了常春藤和圣诞玫瑰的盆栽，看上去郁郁葱葱。上面装饰着的花篮、鸟笼等杂货则相对简洁。5. 花园一角的椅子上放着一盆樱桃鼠尾草，提升了景致的立体感。

花园里的一砖一瓦都是丸三和家人亲手布置的，她们在这里住了10年了，所种的树苗也渐渐长大，交织成一片宜人的树荫。

墙壁被葱茏的攀缘植物覆盖，枝条或攀缘而上，或向下垂落，甚有格调。旧车轮和园艺工具的加入让这里更加丰富多彩。

花架的下方用砖头和枕木搭建了一个古朴的花台，上面摆放着花盆、盘秤和铁艺篮筐。在这个小小的角落里，可以体会到形状和质感变化的趣味。

铁皮花洒里种着石莲花，麻布袋中摆放着古铜色的朱蕉。杂货和植物在这个角落完美融合。

在自己搭建的平台和花架上展示植物，地栽和盆栽的结合，使空间更加多姿多彩。

装饰可移动的杂货和小家具，
创造一个随着植物生长
而变化的花园

丸三女士和丈夫从10年前搬进新家开始，就认真修建起了花园。在130㎡的园地里，他们自己动手，用砖块铺路，搭设花架、围栏、木质平台和储物间，在花园中创造了许多极富存在感的看点。

除了手工打造的构筑物之外，装点在花园之中的杂货和植物也让人赏心悦目。刷了漆的空罐子作为多肉植物的花盆，枝条垂落在旧物与杂货之间，木箱和花园椅被用作成杂货和小盆栽的花架……丸三女士巧妙地用心仪的杂货来搭配植物，让空间不再单调。

谈到打造花园，丸三女士说："我通常不预设花园最终的样子，只是不断地去丰富它，任它发展。花园里的家具和杂货都特意挑选了便于移动的尺寸，随着植物的生长，我们可以轻松变换花园的布局。"花园里的树苗不断长大，几年前种下的那几棵长势喜人，宿根植物也牢牢扎根于地面……通过改变杂货的摆放、重新粉刷围栏与花架等这些简单的改造，丸三女士试图创造一个和谐同时又富于变化的花园。

♡ hint

把花盆归置到**工具箱**或**玻璃箱**里，
让角落更规整、统一

1. 将多肉植物种在罐头里，再一起放入工具箱中。
抓人眼球的红色工具箱提升了植物的存在感。把它
们垫高，放在木箱上装饰也是一个好主意。
2. 将废弃的缝纫机架作为展示台。绿植并不是简单
地摆列其上，而是将部分归置在了一个迷你玻璃温
室中，让角落看起来既规整又醒目。

♡ hint

手工罐和马克杯堆放在一起，
层次感十足

1. 在重新上漆的空罐头里种上仙人球属植物，植物和罐头的颜色、
大小各不相同，通过不同的搭配，让这个角落更有存在感。
2. 搪瓷糖果罐旁放着几个刷成白色的花盆，营造出和谐的氛围。
3. 架子上放着复古的手动榨汁机和搪瓷马克杯，白色和银色的杂货
配上绿色的围栏，清新雅致。

①

用绿植和复古风杂货
打造充满怀旧感的花园

山内干子

仿照石板路的样子在地面铺设砖块，再种上宿根植物，显得朴素而自然。墙面用杂货和藤本月季装饰，增加了色彩的变化。

hint

挂在墙上的厨具
仿佛在诉说着故事

1. 主题统一的装饰品会让空间更有故事性。这个有屋檐造型的装饰架上陈列着许多搪瓷的厨房物品，比如面包罐和马克杯。它们点缀着这个以绿色为主的空间。

2. 木围栏上安装了一个装饰架，上面挂着糕点模具和杯子等厨房物品。悬挂的陈列方式让每件物品的独特形态更加突出。垂下来的珍珠吊兰则增添了动感和新鲜感。

3. 绿叶和棕色木围栏的搭配透露着一丝复古的味道。挂在墙上的白色搪瓷过滤盆给整体注入一丝亮彩。

木围栏上挂着各种
杂货和绿植，种在罐子里
的植物垂下长长的枝条，
让这个角落灵动起来。

木质的空调外机罩上
放着一个孔雀蓝色的搪瓷水
盆，往里倒一些水，再让漂
亮的粉色、白色玫瑰花漂浮
于水面，亮色系的搭配让这
个角落立刻鲜活起来。

用锈迹斑斑的杂货
凸显花草的清新

1. 一架锈迹斑斑的缝纫机摆放在一大片玉簪之中，沉稳的色调有效地提升了空间的质感。
2. 用生锈的厨具作花盆，凸显多肉植物的鲜嫩感。
3. 木墙上的铁丝筐在风吹雨打下变得锈迹斑斑，映衬着攀墙而上的玫瑰，颇有一番成熟的韵味。

小屋的窗前有一条通往花园的石砖小路，在小路的一旁沿着墙壁设置了一排装饰架，用来摆放杂货。

蓝灰色的栅栏和架子、锈迹斑斑的工具和杂货烘托出一个格调深沉的花园

山内受她母亲的影响，从小就爱上了园艺，她很喜欢植物和杂货，并用它们将环绕房子的狭长花园装点得让人眼前一亮。

山内最喜欢的杂货要数工具、厨具等旧物了，比如摆放在花园里的这台复古缝纫机，色调雅致，质感和样式也十分独特。这些杂货有的是从杂货店买来的，有的是山内从一些建筑施工现场拿回来的，还有的是做农活的熟人送给她的。她说："这些真正被使用过的物品，经过了打磨，反而更有味道。"

擅长DIY的哥哥帮她在花园中搭建了木围栏和装饰架，山内用它们来展示杂货。刷成蓝灰色的围栏和架子与杂货绝妙地融合在了一起。

考虑到与杂货的搭配，山内在花园中种植了许多绿色植物，比如玉簪、橄榄，还有多种多肉植物等。至于多年生植物，她选择了圣诞玫瑰和耧斗菜这类花色比较雅致的植物。杂货的古旧感和植物的鲜嫩感营造出怀旧的情调。

淡黄色的墙壁看起来斑驳不已，其实是粉刷出来的效果。覆盖墙面的藤本月季加深了氛围感。

装饰架是擅长 DIY 的哥哥做的，蓝灰色的架子上挂着锈迹斑斑的工具，给花园添了几分趣味。

案例3

让花园成熟又可爱的关键：
立体的布置和杂货的选择

熊本理惠

错落有致地摆放
马口铁容器和手工罐子

1. 将微型月季用"S"形钩挂在木墙上，红花、蓝罐在白墙的映衬下显得格外醒目。
2. 生锈的马口铁桶和多肉植物让砖墙更显成熟。蔓延的花叶地锦为这个角落平添几分情趣。
3. 玄关侧面的木板墙和小路尽头的砖墙在视觉上增加了空间深度，使花园看起来更宽阔。挂在墙上和放置于地面的花盆和杂货使花园更为生动。

熊本一直很喜欢莳弄花草。11年前她搬入新家，便以此为契机开始了她的造园之路，试着用自己喜爱的花草来装点花园。

起初，熊本很享受按照自己的方式在草坪上栽种植物。可是过了不久，她发觉草坪的维护管理太耗费时间，以致没有时间去欣赏花园美景。大约在两年前，花园里的材料有了老化的趋势，于是，熊本决定对花园进行翻新。她将这个工程交给了一家建筑公司，这家公司十分擅长打造自然风花园。为了转换成自然风，花园中的草坪被剥掉，换上了三叶草等植物，枕木小路也进行了翻新，重新用砖块和石头砌出了一条小路。

"将种植空间限制在路的两侧，这样维护起来更容易，我也有更多的精力去欣赏花朵了。"熊本说。

橄榄树、金合欢树等银叶树与她喜欢的质朴、色彩柔和的花卉相得益彰，白色的木板墙和砖墙衬托着斑驳古旧的杂货，这一切组成了这个成熟又不失可爱的理想花园。

草地上放着一只生锈的水壶，里面栽种着银叶的澳洲迷迭香，枝叶繁茂，画面很有层次感。

玄关前的橄榄树格外引人注目，四周盛开的薰衣草散发出沁人心脾的香气。

象牙色的微型月季'绿冰'在简洁的马口铁罐的衬托下，显得更加俏皮、可爱。

案例4

用木质栅栏凸显
马口铁罐和花朵

庄野真理

庄野很喜欢植物，以前住在公寓的时候就经常种些小型的花草。每当在园艺杂志上看见漂亮的花园，她就忍不住想要拥有一个属于自己的空间来栽种喜欢的植物，装饰上自己的木工作品和收集来的杂货。4年前，庄野买了一套位于街角的带花园的房子，花园正面朝南，阳光充足，她的园艺梦想终于在这里得以实现。

花园以打造一条林间小路为设计灵感，栽种了许多植物——以银荆和桉树为主，兼有各种香草植物、果树以及圣诞玫瑰、月季等。为了搭配白色的栅栏和绿色的植物，经营着一家杂货店的庄野特意挑选了一些铁皮桶和木质摆件。另外，她在花园的一角搭建了一个小木屋，并在其中装饰了很多杂货，她说："我特别喜欢坐在这个小屋里眺望花园，被喜欢的东西环绕着的感觉太幸福了。"

左1/ 小屋内的墙壁上装饰了很多小物件和绿植。从木板的缝隙中还可以看到花园。
左2/ 小屋的外观。此处通风良好，因此坐在屋内也很舒适。

☺ hint

大型的马口铁制品
让花园充满个性

1. 淡蓝色的绣球和紫色的薰衣草给空间带来一丝清凉的气息，另外，铁皮容器清冷的质感特别适合装饰在纯白的空间里。
2. 一把花园椅就能给景色制造出层次感，椅子上的镀锡铁桶和下方的洒水壶搭配在一起，宛如一幅画。
3. 花园一角的大花盆里种着复古色调的牵牛花和马蹄莲，旁边摆着杂货和植物的木架也十分有趣。

多肉植物的 28 个布置创意

多肉植物因其可爱的形态一直拥有超高的人气。
下面，请欣赏"Flora 黑田园艺"和多位植物爱好者的灵感创意吧，
看看他们是如何将多肉植物与杂货搭配，
来完美展现多肉饱满的叶茎和独特的轮廓。

"Flora 黑田园艺" 独具特色的 装饰创意

在"Flora 黑田园艺"的样板园内，随处都能看见俏皮的多肉植物。主人黑田健太郎独具特色的装饰创意让植物有了新的活力，他说："我尽量让植物充分展现自身的特点，比如善用植物的独特姿态、灵活装点会变红的多肉植物，等等。另外，用杂货充当花盆也很有趣。"五颜六色的花盆和各式玻璃瓶的加入让多肉植物更加丰富多彩。

idea 1

栽满多肉的马口铁盒
仿佛一个宝石箱

在马口铁盒里种上各种各样的多肉，欣赏它们胖嘟嘟的模样。早春时节，既可以看到残红未尽的叶片，也可以欣赏到鲜嫩的绿叶。

idea 2

在墙上错落地摆放迷你花盆

旧木板上悬挂的小花盆里种着形色各异的多肉植物，错落有致的排列方式富有跃动感。

idea 3

植物马上就要"蹦"出来了

用彩绘的马口铁盒和罐子来彰多肉植物的存在感。从盒盖下探出的多肉让画面灵动起来。

*idea*4

**用铁艺镜子打造
华丽的背景**

　　在镜面上叠加复古的铁艺装
饰，朴素的多肉植物立刻显得优雅
起来。绿色板墙与多肉植物的搭
配，让清新感翻倍。

形式多样的花器
是提升盆栽魅力的法宝

用杂货代替传统花盆可轻松改变多肉植物给人的印象，让魅力值骤升。没有底孔的容器稍加改造也可以作为多肉花盆使用。

idea5
浅木盒 × 麻线团，仿佛一盒可口的点心

麻线团的中心种上了小小的多肉植物，并排摆放起来，可爱又幽默。

idea6
生锈的杂货 × 多肉植物，色彩的完美搭配

火柴盒形状的马口铁盒做旧之后活用成了花盆，锈迹斑斑的质感和发红的多肉植物很是般配。

idea8
圆圆的水壶和直直的花枝相映成趣

做旧的浅色水壶中种的是莲花掌'黑法师'，其独特的花形与花盆相得益彰，仿佛一件艺术品。

idea7
古朴的木盒柔和了气氛

浅色的木盒给盆栽增添了柔和的气息，向外伸展的枝条随风而舞，甚是好看。

idea9

木框里如画的多肉

　　木框里混栽了形色各异的多肉植物，看上去就像一幅画。其中有些品种能变成红色，绚丽多彩。

idea10

将多肉悬挂起来，凸显柔嫩的叶片

　　将马口铁盒用"S"形钩挂在木板上，里面种满多肉植物，黄花新月枝叶优雅地下垂着，风情十足。

idea11

用简洁的杂货营造氛围

　　浅蓝色的工具箱里种着石莲花和瓦松。旁边有着别致花纹的搪瓷花盆和后面的车牌让这个角落更加独特。

idea14

优雅的花瓶凸显成熟的韵味

　　造型优雅的花瓶搭配质朴的多肉植物，整体更有韵味。花瓶锈迹斑斑，独特的质感凸显了植物的鲜嫩。

idea12

做旧器皿与变色植物营造优雅氛围

　　将马口铁量杯做旧，种上能变红的石莲花，营造出秋天的氛围。周围的白木板更凸显出它的存在感。

idea13

沥水盆让植物更灵动

　　复古风的沥水盆里混栽了多种植物，可以尽情欣赏缤纷的色彩。沿着盆缘下垂的珍珠吊兰给盆栽增添了动态感。

用梯架打造立体感，
让绿植更鲜活

娇小可爱的多肉植物可以像杂货一样随意摆放，装点空间。用梯子或架子增加高度，可以让画面更加立体，也凸显了植物的存在感。

*idea***15**

巧用木桌打造亮眼一角

一张老式木桌靠墙摆放在主屋旁的阳光房里，桌上装饰着一扇彩绘玻璃窗，窗前井井有条地摆放了许多植物。

*idea***16** 灰板墙和铁艺饰品的搭配
充满了故事性

浅灰色的简易木架上装饰上多肉植物，倚靠在墙边，让暗淡的外墙明亮了起来。灰色木板和铁艺饰品衬托得多肉植物更加灵动。

*idea***17**

叠放的木箱
是多肉的舞台

将多肉盆栽装进铁筐中，再同杂货一起摆在网格木条箱上。简单的布置透露着时尚的气质。

idea18

**利用壁面空间
装饰多肉和杂货**

　　铁丝筐固定在木板墙上，用来展示多肉植物和杂货。椅腿周围茂密的绿色植物、花台上的彩叶和墙上的多肉相互呼应，场景更具统一感。

idea19

用梯子制造层次感

　　废旧的木梯靠在墙边，在上面摆放迷你多肉植物盆栽，借梯子的高度，让植物更突出。

idea20　用架子和桌子提升立体感

　　手工打造的木架和废旧的书桌构成一个立体的空间。涂成黄色的桌腿是点睛之处。

idea21

自己动手做一个多肉植物展示架吧！

　　挂在阳台上的多肉植物展示架被涂成了灰色，散发着成熟感。整齐排列其中的白色花盆颇为利落。

巧妙搭配饰品，让画面更灵动

配饰的加入能在很大程度上影响整体的氛围。或是彰显统一感，或是强调材质的变化，通过搭配杂货，让画面更有故事性。

用闲置的花盆增加趣味性

摆放多肉植物的花架旁放着一个铁丝筐，里面装着几个闲置的旧花盆。随意混搭的花盆有种颓废的美感。

idea24

用手提行李箱作花台，增加画面的故事性

手提行李箱上摆着一小盆多肉和一大盆绿意十足的组合盆栽，极为吸引眼球。

统一色调，更为优雅

雅致的花盆配以复古的相框，相似的质感让画面更加统一，营造出优雅的氛围。

idea 25

用复古的装饰营造怀旧的情调

　　种着多肉植物的复古格纹罐子和旁边的旧竹篮都蕴含着一种怀旧的情调。白色架子让这些小饰物更加突出。

idea 26

　　旧杂货仿佛诉说着时间的流逝

　　在鸡蛋壳里种上多肉植物，再将它们摆在壁挂式置物架上。点心模具、铁熨斗等旧杂货聚集在这个角落，仿佛在诉说着时间的流逝。

idea 27

　　果实的加入
　　带来丝丝暖意

　　　　多肉花盆是用空罐子改造的，上面贴着手工贴纸。几枝结有果实的树枝和几颗干果烘托出温暖的氛围。

idea 28

　　用号码牌来帮小多肉们吸引眼球

　　锈迹斑斑的花盆衬托出多肉植物的清新。在架子前和花盆后装饰上旧旧的铁皮号码牌来提升格调。

这个储物间是男主人邦彦做的。门被漆成了蓝灰色，并进行了做旧处理，门上的装饰"92"，代表着男主人邦彦（在日语中，"92"和"邦"的读音相同）。

雅致风花园

室外装饰 × 植物的巧妙搭配

介绍如何将植物与拱门、花架和墙壁相结合，打造雅致的花园。本篇会葱郁的树木和鲜艳的花朵如果搭配得不好，魅力也会减半。

DIY 的建筑物
和绽放的月季

野野山邦彦和野野山美江子

左 / 储物间被特意打造成山间小屋的样子。这个小窗是用旧玻璃做的，十字木框的设计颇为别致，窗台上装饰的银荆干花很抓人眼球。
下 / 毛地黄、飞蓬、木茼蒿、石竹等绿植与粉色系的花朵共同构成了一幅温柔的画面。

储物间 × 藤本月季

美江子对月季'龙沙宝石'一见钟情，它是这个花园的象征。她用"Y"形铁丝将藤蔓牵引到储物间的屋顶。或许是因为银色屋顶反射了阳光，给月季提供了充足的光照，'龙沙宝石'长势喜人。

'龙沙宝石'
在全世界广受喜爱的藤本月季品种，有着优美的重瓣花，沉甸甸地盛开在藤蔓上，花朵直径10~12cm，春末夏初开花。

昔日的井泵变成了装饰品。DIY 的假井口上涂抹了砂浆，和水泵浑然一体。

栅栏 × 灌木月季

栅栏与主花园之间特意留有一段距离，从栅栏外可以看到山中小屋式的围墙和高高的白桦树。'蓝月石'株高70~80cm，花朵彰显华丽感，蓝色调的花朵与蓝色的栅栏完美相衬。

'蓝月石'
蓝紫色的丰花月季品种，花量大，花色多变，散发着诱人的浓香。刺少、易打理，多季节重复开花。

为了遮挡视线，在与邻居家的边界上建造了一堵类似小屋的围墙。这棵醒目的白桦树是8年前种下的，几枝粗壮的树干都是从同一树根上长出的。它是这个花园的标志性树木。

凉亭 × 藤本月季

受到在"Flora 黑田园艺"店展出的公交亭的启发，夫妇二人在花园中搭建了一个避雨的凉亭，并牵引上了藤本月季'小伊甸园'。'小伊甸园'的花形与美江子最喜欢的'龙沙宝石'相似，但花蕾更小。它比'龙沙宝石'晚开花两周，正好可以接力开放。

'小伊甸园'

原产于法国，花朵饱满圆润，氛围典雅。花朵直径4~6cm，花量繁多，是四季重复开花的品种。花期较长，很适合做插花。

凉亭前的花坛里，毛地黄和石竹尽情地盛开着。前景的是月季'玛蒂尔达'，它们是花坛的主角。

有着郁金香轮廓的铁艺窗台前装饰着多肉盆栽。　用旧铁罐改造成的花盆里种着瓦松，枝叶茂盛，向外四散开来。

用几株小小的圆扇八宝和瓦松打造出仿佛正在栽种植物的场景。

　　野野山家的花园占地面积约150m²，为了装扮这座大花园，夫妇二人分工合作，擅长 DIY 的丈夫邦彦在构筑物的设计与搭建上下了不少功夫，其中包括对于场景转换不可或缺的拱门、遮挡北风的栅栏、花架、室外平台和储物间等。"大块的土地容易显得散乱，巧用构筑物来划分区域，同时还能增加不少看点。"邦彦说。涂料有防腐蚀的作用，而且蓝白的色调能衬托出植物的光彩。过去，花园中的植物以香草和宿根植物为主，随着构筑物的增加，四处攀缘的藤本月季给花园增添了动态美，这里似乎正在慢慢变成一个月季园。5月，花园里盛开着大约30种月季，包括他们最喜欢的藤本月季'龙沙宝石'和'小伊甸园'。花窗玻璃、铁艺器具等花园杂货和花盆的制作和搭配则由妻子美江子负责。她所选择的杂货通常不会太精致华丽，而是用一些有岁月感的物品来装点植物，营造出一种雅致的氛围。休息日，夫妻俩会去逛逛园艺杂货店和花园寻找创意，他们对园艺依然充满热情。

下 / 地面上铺设了防止杂草生长的米色混凝土，柔和了花园的氛围，也将植物与活动区域划分开。

右 / 为了挡住冬天北边吹来的强风，在花园中搭建了一堵高板墙。同时在面向花园的一侧装饰上了花架。花架的加入不仅让板墙更结实，还能作为展示空间。

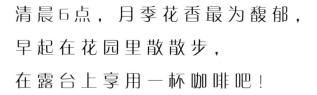

清晨6点，月季花香最为馥郁，
早起在花园里散散步，
在露台上享用一杯咖啡吧！

花架 × 藤本月季

花园正中间有两根电线杆，很不美观，于是邦彦在此处搭了一个大花架将它们隐藏起来。花园的代表性花朵——'龙沙宝石'爬满了整个花架，既遮挡了电线杆，也美化了花园。

'龙沙宝石'

'龙沙宝石'的美在于它饱满的花朵和泛着浅绿的白色花瓣。随着花期的推进，花朵中心逐渐染上粉红色，然后优雅地盛开。

手工打造的小木梯被涂成了浅蓝色，用来作花台。草莓和三叶草盆栽高低错落地摆放其上。

玄关前的小路两旁，月季烂漫地盛开着，供客人欣赏。盆中栽种的月季'冰山'和'夏雪'是孩子们送的母亲节礼物，女主人很珍惜。

小路 × 时令草花

花园里的构筑物以十字小路相连，构筑物区域铺设着砖块，四周则以枕木和草坪引出下一个场景。小路两旁种植着时令草花，如木茼蒿、石竹、蓝目菊等，花开时色彩缤纷，格外美丽。

飞蓬

菊科多年生草本植物，生命力强，无须刻意照料也能茁壮生长、开花。花期5—7月，株高30~50cm，可进行分株繁殖。

左1/ 左侧拱门上的大红色月季'鸡尾酒'已经生长了有20年了，夫妻二人十分爱惜它。除了月季，铁线莲等藤本植物也攀爬其上。

左2/ 三叶草种在靴子形状的无釉盆里。一旁的飞蓬伸展枝叶，添加了自然的意趣。

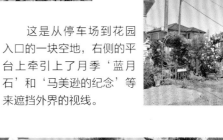

这是从停车场到花园入口的一块空地，右侧的平台上牵引上了月季'蓝月石'和'马美逊的纪念'等来遮挡外界的视线。

大门 × 藤本月季

夫妻二人在花园的入口处用枕木做了一个高2.4m的大门，并在大门左侧种植了3株粉白相间的月季'藤冰山'。由于这里是客人最先驻足的地方，所以选择了花期长且反复开花的品种。他们计划让藤蔓继续伸展，覆盖整个大门。

'藤冰山'

'藤冰山'是'冰山'的变种，刺少且易牵引。它很容易结出花蕾，白色的花朵能接连不断地绽放，环境适宜的话甚至可以一年四季持续开花。

右1/ 信箱是用建造大门剩下的枕木做的。在上面装饰上了黑莓、头花蓼、过江藤来增加清新感。

右2/ 入口处刷成淡蓝色的围栏上装饰着一块迎宾牌，牌上有一只手绘的小猫，正是野野山家的宠物。

鸭舌帽形状的小盆里盛开着直径约1cm的小雏菊，将它装饰在露台的窗边，趣味性十足。

露台 × 藤本月季

露台前的藤本月季'洛可可'被牵引到了玻璃花窗下方，覆盖住了木框的四周。为了能坐在露台中的花园椅上欣赏美丽的风景，他们用木框取景，将邻居家和电线杆隔绝在视线之外。

'洛可可'
淡淡的杏色花瓣边缘微呈波浪形，十分可爱。花朵直径11~14cm，有淡淡的香气，四季重复开花。枝条生长旺盛，是装饰围栏和拱门的理想选择。

夫妻俩在花园搭建了一个露台，并给露台装上了屋顶和玻璃门，将它打造成了一个非常舒适的休闲场所。他们喜欢清晨去花园里散步，然后坐在这里喝杯咖啡，欣赏花园的风景。

野野山家的露台是欣赏花园全景的最佳位置。

为了遮挡视线，在与邻居家的
边界处搭建了一个凉亭。鲜活的植
物在白板墙的衬托下显得格外明亮。

凉亭 × 树木

　　除小盆花草外，凉亭里还摆放了有一定高度
的针叶树盆栽。这种搭配让原本容易显得平淡的
白色板墙多了一丝沉稳的感觉。

02

英式建筑 × 盆栽 × 大树，
重现绘本中的场景

● 大野惠子

北美鼠刺
一种易于生长的园林树。春天开出穗状
的小白花，秋天叶色转红。略微凌乱的
枝条为这个角落增添了野趣。

金冠柏
一种很受欢迎的针叶树。青柠色的叶片
很美，圆锥形的树形有一种西洋风情。

木箱中摆放着多肉植物及小型的组合盆栽，再装饰上彩绘砖，可爱极了。

上 / 白色的木板墙上随意安装上架子，摆上植物和杂货。立体的墙面让空间更鲜活。

左 / 小盆的多肉植物整齐地摆放在木箱中，既简洁又漂亮。花盆大小一致也很重要。

右1/ 装饰绿植的杂货大多选择了能展现出岁月痕迹的材质。伴随着植物的生长，花园的氛围也在不断变化。

右2/ 大大小小的木箱摆在一起搭成了一个高高的花架，摆放上盆栽，高低错落的布置让造型更加醒目。

外墙 × 常青树

沿着房屋外墙种植的树木，柔和了砖块的坚硬质感，增添了些许自然风情。绣球生长茂密、形态优美，将墙壁与地面自然地联结起来。

绣球'安娜贝拉'
一种人气很高的绣球品种，拥有丰满的伞形花序，初开为绿色，而后逐渐变白，非常有魅力。

桉树
一种高大的常绿乔木，叶片呈银色圆形，广泛分布于澳大利亚。桉树品种众多，可以根据花园的风格来挑选合适的品种。

飞蓬、蜡菊、茴香等覆盖着房屋的外墙脚，中和了砖块的厚重感。

　　大野一直对英国科茨沃尔德的古朴乡村花园情有独钟。10年前，她在建房时特意盖了一座颇有格调的砖瓦房，同时，她也开始打造她的"梦中情园"。她委托了擅长欧式外墙建筑的建筑公司建造大门、露台、花架、储物间等花园中的大型构筑物。花架和露台上摆放着盆栽和杂货，墙壁上挂满了古色古香的彩绘玻璃窗。大野将自己对美的理解充分表达在了这个花园里。

　　春天，月季和宿根植物十分可爱；秋天，栎叶绣球的红叶又很别致。除此之外，大野还在花园中栽种了蓝莓树、桉树、银荆以及各种针叶树来营造动态的景观。在这里，人们能充分体会到四季不同的魅力。

　　这个用构筑物和树木打造的花园有着强烈的立体感，随着时间的推移，树木会生长得更加茂盛，走进花园就仿佛进入了童话森林世界，美不胜收。

混种植物打造出层次感，别致的花盆强调了存在感，再把花盆放进铁筐里，整体更加醒目。

居屋的入口处设置了一张白色花园椅，上面摆放着一盆用鸟笼装饰的植物盆栽，十分别致。

墙壁上装饰着彩绘玻璃窗，下方摆放着绿植盆栽及花园工具等杂货，小屋的一角瞬间丰富起来。

用彩绘玻璃窗、木箱、铁艺杂货营造温馨的氛围

白板墙搭建的露台中摆放着白色的桌椅，不同形态的绿植盆栽装点着角落，悬挂的杂货和迷你花盆给白色的空间增添了色彩。

露台 × 常绿树

大野在花园中搭建了一个宽敞的露台，大面积的墙面和地面往往给人单调的印象，增加植物和杂货等装饰，让空间富有变化。墙上挂着的仿古彩绘玻璃窗营造出静谧的氛围。

橄榄树
一种常绿乔木，叶片细长有光泽。由于它原产于地中海，因此往往能让人联想到南欧的景象，与欧式风格的空间十分契合。

黄栌
一种比较耐寒的落叶花树，花期5—6月，淡绿色的娇小花朵呈穗状盛开。花朵枯萎后会留下如同烟雾一般的花枝。

黄色石灰岩砌成的小屋前摆放了一排植物盆栽，让人联想到科茨沃尔德的优美建筑和独特风情，很有童话世界的感觉。

小屋 × 常青树

英式乡村风格的小屋旁摆放着一小株银荆树盆栽，枝条正在努力生长，野趣满满。待它长大后，景致会更有情调。常绿的银荆即使在冬天也能成为小屋的点缀。

银荆

一种原产于澳大利亚的花树，叶片呈银色。树高可达15m。春天的时候，枝头上会开满黄色的球状花。

小屋设计成了书房的样子，与英伦风格的花园极为契合。

上 / 小路一旁用砖块堆砌的花坛中繁茂的栎叶绣球正在盛开，与底部多彩的花叶相得益彰。古朴的砖块与植物自然地融合起来。

右 / 枕木上一具矮矮的复古路灯照亮着石板路，斑驳的质感有种别致的气息。

将砖块、木屑等材料
与植物完美搭配

深色的木屑装饰在石板路的两侧，独特的材质和成熟的色调让空间显得更立体，与植物的搭配也很协调。

小路 × 多肉植物、小花

可爱的多肉植物从木屑间探出头来，飞蓬也在一旁恣意绽放。这两种植物都是横向生长的，非常适合种在小路两侧。

万年草
景天科多肉植物。横向生长，耐阴性好，是理想的地被植物。

飞蓬
春天开花，花瓣由白变粉，同样可以横向生长。

Chic Style Garden

小屋的外墙上，藤本月季和铁线莲交织在一起，纯白、浅粉、深紫的组合，美轮美奂，散发着优雅精致的气息。

03

巧妙的牵引与搭配，
打造引人驻足的美景

● 前川祯子

花园入口处的野茉莉作为纽带，将一楼的月季和铁线莲与攀爬至二楼的木香串联成了一条花带。

外墙 × 藤本月季、多年生草本

前川家的停车场旁边有一面象牙色的外墙，外墙下有一个小花坛，里面种着多种藤本月季，这些藤本月季都是枝条柔软的古老月季，将枝条用铁丝牵引至整面外墙，在室内或室外都可以欣赏到美丽的风景。

月季'夏雪'
纯白色的藤本月季，花朵大，花瓣呈波浪形。枝条纤细且无刺，易于牵引，与各种花草都很相配。

月季'方丹·拉图尔'
淡粉色的花瓣清纯可人。枝条易于牵引，几乎无刺，是窗户和凉亭的好搭档。香气宜人。

铁线莲'阿芙罗狄蒂'
藤蔓向上生长，并朝上开出很多花朵。充满华丽迷人的气质。

月季'科尼莉亚'和玫瑰'普朗夫人'缠绕在白千层的树干上，营造出华丽的效果。垂落的花朵很有野趣。

围墙 × 藤本月季、多年生草本

围墙前种着绿植，墙上攀爬着藤本月季，两者相搭配产生一种和谐的美感。淡粉色的月季花和翠绿色的百子莲叶映衬在米色的墙面上，形成一道令人印象深刻的风景。

月季'奥博伦'
一年一季的英国月季，花朵为近乎白色的嫩粉色，给人以可爱、娇艳的印象。香气也很宜人。

百子莲
石蒜科多年生草本，初夏至秋季开出淡紫色或蓝色球状花，养护简单，因此广受喜爱。

下左 / 容器选择了沉稳的蓝色和米色的，配上紫红色的彩叶植物，更显成熟的风韵。

下右 / 围墙内侧的树木、攀爬至围墙上的月季，以及围墙前的绿植，构成了立体的画面。

月季'雪天鹅'白色的花朵沿着一楼落地窗外的花架攀爬而上，形成一幅优美的画面。

花架 × 藤本月季

月季'雪天鹅'的枝条可伸展至3m，枝条柔韧，花朵从顶部垂落而下。深棕色的花架与纯白色的'雪天鹅'相映衬，给人以成熟的印象。

月季'雪天鹅'
春天，下垂的枝条上盛开出白色的花朵，带有甜美的麝香味。花朵一簇一簇地绽放，覆盖在构筑物上，与其融为一体。

开着紫色小花的铁线莲'阿拉贝拉'（全缘铁线莲）与白色的方塔十分和谐，与后面盛开的深粉色月季也很般配。

主花园里摆着一套桌椅，坐在这里，可以尽情地放松，在鲜花和绿植的簇拥下，完全不用担心被外面的人看到。

11年前，前川祯子搬家至此，花园的结构由从事花园设计和建设的朋友帮忙设计，此后，她便开始亲手栽种植物。

"主花园太小了，所以我在入口处、停车场旁、阳台上都开辟了种植空间，这样就可以随意种植喜欢的植物了。"前川说。

从玄关到主花园的栅栏上开满了浅色的月季花，不仅如此，花园内部更是让人眼前一亮——藤本月季从一楼墙面攀缘至二楼阳台，柔软的绿色枝条和花朵覆盖着房屋的外墙。

在有限的空间里打造出如此漂亮的花园，前川的技巧在于她对室外空间的充分利用。为遮挡视线而建的栅栏和房屋的外墙均朝南，是牵引藤本植物的最佳场所。她利用铁丝来进行牵引，确保花园各处一年四季都有鲜花和绿植生长。

除了花园的布局，前川还很注重细节，比如在月季和铁线莲等华丽的藤蔓底部搭配种植了鲜嫩的草花和灌木，让每一个角落都有其独特的看点。

花园的主角是白色和淡粉色的月季，有流动感的植物将各个区域连接起来，让花园更有整体感

栅栏的一角被盛开的月季'科尼莉亚'团团包围，粉红色的花朵俏皮可爱。

花园栅栏的外侧装饰着各种鲜花盆栽，不用走进花园就能感受被花朵包围的浪漫。

栅栏 × 月季

深棕色的木栅栏作为植物的背景，更加凸显了花朵的色彩，这里的花色以玫红色和白色为主。利用吊篮将部分植物挂在墙上装饰，视觉效果更加丰满、立体。

月季'布罗德男爵'
深红色的花朵夺人眼球，花形饱满，可重复开花。褶皱的花瓣有一圈细细的白边，更显美丽动人。

月季'天宫公主'
优雅的四季开花月季，粉红色花朵会随着花的绽放逐渐变成白色。花期长，生命力强，易成活。

04

用砖块搭建的前院
无论从室内还是室外眺望都很赏心悦目

铃木由利子

前院的砖架上摆满了植物，后面的阳光房中也培养着植物，从外看去，郁郁葱葱的绿色仿佛连成了一片

阳光房的窗台下挂着一个花盆，里面混栽着牛至、常春藤和大戟，绿色的枝条郁郁葱葱。

种满植物的盆栽或是悬挂起来，或是摆在砖架上，搭配复古的杂货，打造出一个立体感十足的空间。

砖架 × 树木

铃木用砖块在小屋前搭建了一个有层次感的花架，为了配合砖架的厚重感，栽种了高大的树木和粗壮的植物。茂盛的绿叶在深红色砖块的衬托下显得非常鲜活，也中和了材料的厚重感。

加拿大唐棣
通常在6月结出鲜红的浆果，除了欣赏漂亮的果实，春天开出的可爱白花也妙不可言。

绣球'安娜贝拉'
耐晒、耐寒，基本不用打理就能开出大型花球，花期超长，可以从5月一直开到10月。

上／植物和杂货一起陈列在白色花园椅上。用架子将杂货整齐地展示出来，制造看点。
右／摆放植物的白色花盆和篮筐与窗户周围的白色框架十分和谐。高低错落的花盆也制造出层次感。

DIY 的铁丝筐里铺满棕榈丝，种上鲜嫩的牛至，挂在阳光房的柱子上，上方并排陈列的彩色玻璃瓶为其增添了一抹趣味。

上 / 阳光房中种植着20多个品种的多肉植物。主人使用搪瓷盆来进行分株工作。
右 / 种满黄百里香和连钱草的盆栽在阳光的映照下显得生机勃勃。

阳光房 × 香草

温和的阳光透过玻璃照进屋内，植物沐浴在阳光下，舒展着枝叶，黄百里香的枝叶与白色窗框完美融合，散发出清新的气息。

黄百里香
一种具有清香气味的草本植物。种类繁多。茎在生长过程中会木质化。

铃木家最引人注目的地方就是热闹的前院，她将路和房子之间的小空间用植物装饰得郁郁葱葱。

植物或是并排摆放，或是悬挂，或是摆起来，通过对高度的巧妙处理，让植物展现出层次感，这样一来，狭小的空间即使装饰大量的绿植也不显繁杂。

这个兼作墙面的砖架利用了阳光房飘窗下的空间，借助砖架自身的高度差，错落地摆放了很多花盆，阳光房内的植物与这些盆栽共同组成了一个绿意盎然的空间。

砖架的另一侧还搭建了一个有顶板的花架，可以摆放或悬挂植物，靠路边的一侧还加装了搁板，以节省空间。花架被刷成了白色，花盆也统一成了白色或银色，这样即使摆放很多东西也不会显得杂乱。

在这个小小的前院里，可以尽情地欣赏自己喜欢的植物——这不仅是铃木女士的乐趣，也是路人的乐趣。

白色的窗框和篷布映衬着阳光，屋内透露着一阵清新。玻璃架上摆放着咖啡杯等杂货。

上左 / 像鸟笼一样的铁艺挂饰之中放着一盆花叶常春藤，带有白边的叶片很是鲜嫩，在黑色鸟笼的衬托下更显清爽。

上右 / 花架上随意地摆放着各种杂货和盆栽，相似的颜色和材质让这些盆盆罐罐看起来有了统一感。

铃木家的前院。房子和道路之间的小空间里充满了植物的气息，白与绿的色调非常清新。

花架 × 开花植物、多肉植物

　　这个角落主要由绿叶和白花组成。植物配色简洁，花架也涂成了相应的白色，因此即使在狭小的空间里摆放了很多植物，也不会觉得压抑。利用花架和挂饰来彰显立体感，让画面更加鲜活。

绣球'安娜贝拉'
'安娜贝拉'的花色，刚开时是绿色，随着时间的推移会变成白色，开到后期又变成绿色。

莲花掌
一种可爱的多肉植物，放射状的叶片呈莲座状排列，形似莲花。有几十个品种，叶色、叶形各异。

珍珠吊兰
球形的叶片像一串项链，将它悬挂起来，可以欣赏摇曳的枝条。

让花园更出彩的
装饰好物

装饰品的加入能给花园制造亮点，还能凸显植物的风采，下面为大家介绍几类装饰好物，让你的花园更加生动、趣意盎然。

**树枝做成的塔架
与花草完美融合**

由桉树枝制成的塔架，是绿植和花卉的最佳搭档，既耐用又结实，可以悬挂植物或杂货。

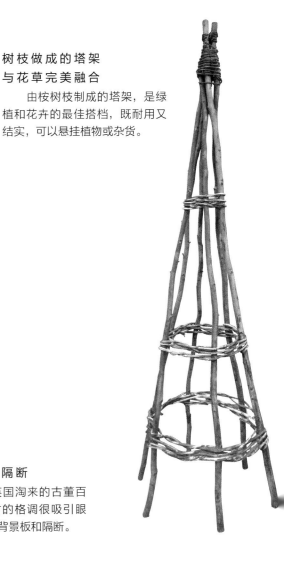

隔挡物

门、栅栏这类装饰物既能当作背景，自身也能成为亮点。彩绘玻璃窗和窗框可以用来点缀空间。

**木质百叶门
作为背景或隔断**

这扇从英国淘来的古董百叶门，其复古的格调很吸引眼球，是理想的背景板和隔断。

**优雅的
欧式复古壁挂**

拥有别致的色调和优雅的造型，适合装饰在自然风或法式风格花园之中，打造华丽的效果。

**普罗旺斯风格的
铁艺栅栏**

这具华丽的法式栅栏存在感极强，常春藤、月季等的枝条攀爬其上，典雅优美。

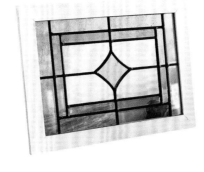

彩绘玻璃窗为空间增色

彩绘玻璃窗是为花园增添色彩的完美单品。当柔和的光线穿过它，空间会变得缤纷多彩。把它立起来当作摆设，或是当作小屋的窗户，都很可爱。

用简洁的窗框衬托灵动的植物

简约的白色格子窗框仅进行了做旧加工，这种简洁的设计风格适合装饰于多数场合，用途广泛，比如悬挂杂货或作为攀爬架牵引枝条。

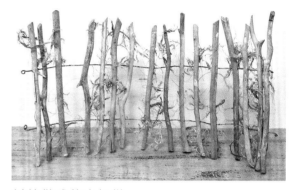

树枝做成的木栅栏

这款栅栏的魅力在于它可以根据花坛的形状进行相应改造，枝条是由金属丝固定的，参差不齐的树枝也是一大亮点。

独具风情的莫兰迪色系装饰木门

木门做旧的质感散发着雅致的气息，木框中的铁艺装饰极为别致。

简洁的白色拱形窗美观又百搭

这款木质拱形窗既质朴又可爱，简洁的设计方便与任何物品相搭配。

家具

花园家具也能展现不同风情，复古风、怀旧风、自然风……我们汇集了一系列风格各异的家具，它们不仅美观，还很实用，更重要的是，它们能让花园更显精致。

从欧洲淘来的古董梯子

这是一把有着120多年历史的古董梯子，产自法国巴黎，斑驳的质感和简单的设计，与绿植相得益彰。

自然风小凳是绿植的最佳拍档

白色的凳子最能衬托出植物的美丽，简单地在上面摆上杂货或植物，就能打造出可爱的画面。

小巧的折叠式木架

三层架子非常适合用来展示小盆栽和其他小物件，不用时折叠起来也很方便。

古董缝纫机架

锈迹斑斑的铁艺脚架和斑驳褪色的桌面颇有韵味，提升了空间的质感。

易于搭配任何风格的花园椅

由铁架和松木板做成的花园椅，简洁的设计与多种花园风格相配。

淡绿色的清新花园桌

古朴的木桌充满了魅力，怀旧风中又有着时尚感。

在人字梯上错落地摆放小物件

这架人字梯的存在感很强，鲜艳的红色十分抢眼，在上面高低错落地装饰上植物和杂货，瞬间成为花园的亮点。

色彩别致的网凳

复古风的网状凳子别有一番趣味，摆起来就像是一个可爱的花园艺术品。网凳有黄、红、绿3种颜色，与复古怀旧风的花园很相称。

可以摆放盆栽的木质长椅

这是一款可以与花园融为一体的自然风长椅，不仅可以当作凳子，还可以用来摆放花盆和杂货。随着时间的推移，木材会愈发有味道。

装饰品

装饰品是花园中吸引眼球的好东西。下面为大家介绍一些可以完美融入花园的装饰小物。

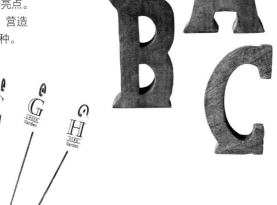

三轮车形状的可爱花架

这是一个三轮车形状的花架，做旧的设计是它的亮点，将植物种在车筐里，生动又有趣。

吸引眼球的花坛装饰签

花坛装饰签很适合作为花坛中的亮点。迷你尺寸的签子可以插入小盆栽中，营造出可爱的效果，还可以用它们标注品种。

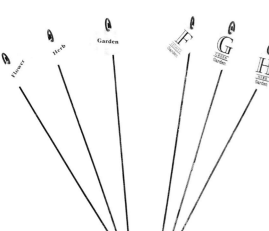

木制字母摆件

字母摆件一直以来都很受欢迎，单个的字母可以随意组合出你喜欢的词句。

独特的复古风号码牌

这款复古风的号码牌设计粗犷大气，可极好地衬托绿植的清新自然，是花园中很好的点缀。

古旧的木轮魅力十足

做旧处理过的木轮看起来充满了故事性，岁月越久，其韵味愈发浓郁。

铺地资材

我们收集了多种适宜铺设在花园之中的材料，比如核桃壳、木屑、枕木和石头。大家可以根据花园的环境和氛围选择合适的材料。

西式乱形石
让花园更加优雅别致

浅色的石材可以很好地与植物融合在一起，不规则的形状更添自然的氛围。

易于搭配的天然木屑

这种纯天然的木屑不含化学添加物，对儿童和宠物都很安全。随意铺在地上，就能营造出自然的氛围。

砖状纹理的铺路石

9块混凝土铺路石以尼龙绳固定，绳子是可以剪断的，可以根据需要变换石块的造型。

可有效防止
杂草丛生的核桃壳

将造型可爱的核桃壳铺设在花园之中，给花园增添几分动感。核桃壳坚固耐用，踩上去不容易破裂，甚至还能抑制杂草的生长。

以假乱真的混凝土仿木板

有着木板纹理的混凝土板乍一看就像真木头一样，不仅自然，还有耐湿、防腐、易于维护等优点。

自然随性的秘诀！

有层次感的
绿色花园 *Volume*
Green garden

我们拜访了3位园主，他们各自在自己的花园中用小盆栽、地被植物、树木，营造出了绿意盎然的景致。材料和杂货的使用，也是提升气氛的关键。

安形家的花园经过了4次翻新，花园中的绿植越来越多，坐在此处让人有种徜徉在森林中的感觉。

花园入口处这个如林间小屋一般的储物间是安形先生亲手建造的，屋顶的设计和主屋相同，让整个空间看起来更加和谐统一。石砖墙上的复古彩绘玻璃窗是点睛之处。

用古朴的材料
给广阔的绿色花园增添情趣

● 安形浩行

窗户外侧的防护栏早已锈迹斑斑，阳光透过树叶的缝隙，落到了窗台上，小猫正在此处懒洋洋地晒着太阳。

Garden data
花园数据
◎ 花园年龄……15年
◎ 花园面积……约595m²

上左 / 储物间的内部也经过精心的设计，壁龛里放着几个木箱，里面装饰着旧物、干花和结着果实的树枝。

上右 / 大型的杂货随意摆放在花架上或是围墙附近，存在感极强。

绿 色 植 物 × 旧 杂 货

怀 旧 风 的 花 园

仿 佛 在 诉 说 着 故 事

　　十多年前，安形先生与建筑公司合作，以山丘上的城堡为蓝本，在小山坡上搭建了自家的房子。后来，他又亲手在房子周围加盖了办公室、物材存放处、储物间和凉亭。房子周围的树木和地被植物给花园增添了欧式风情，古老的杂货摆放在郁郁葱葱的绿植之中，让构筑物与植物完美融合。

　　安形先生原本就很精通室内设计，他希望建造出能和犹如百年老屋的主建筑相契合的花园，因此他在材料的选择上花费了大量心思。他先拆掉了环绕花园的围墙，铲去了草坪，用灰黑色的美浓石（岐阜县一种主要的火山岩体）和蜂蜜色的三日石筑了一条环形的小路和楼梯，然后再用天然石块堆砌出隔墙。种植区域里，枝条柔韧的常绿乔木、藤本植物和地被植物等共同构成一个绿意满满的空间。安形先生常常将锈迹斑斑的铁艺物品随意地摆放在花园中。他说："当你走在花园里，总有些地方会吸引你的目光。比如，摆放着旧工具的树脚下或铺满绿叶的地面，枝叶贯穿其间，充满岁月的痕迹。"这种独特的感性使花园熠熠生辉。

花园里的建筑隐藏在一片绿意之中，中央高大的榉树和周围其他的树木共同营造了一个宽敞鲜活的空间。

安形家的亮眼植物

紫金牛
常绿灌木，叶片深绿色，初夏时叶片下面会开出白色的小花，冬天会结出红色的浆果。喜阴，具匍匐生根的根茎。

常春藤
藤蔓伸展，枝叶蔓延。有气生根，能攀爬于建筑物之上，是构造立体感的绝佳拍档。

苔景天
叶片厚实的多肉植物，横向伸展能蔓延出一片绿毯。抗热、抗寒、抗旱，生命力强。

朱蕉
观叶灌木，叶色介于红色至铜色之间。新叶色泽华丽，后期逐渐转为深褐色。株形美观，适宜庭院栽培。

不仅是石板铺成的小路，就连通往玄关的台阶也是用美浓石手工制作的。台阶的空隙中还种植了多种地被植物，与周围的绿植连成了一片。

从路边看向花园，除了已经长得郁郁葱葱的数十棵树，还有覆盖建筑的藤本植物和地被植物，整个空间绿意盎然。

在郁郁葱葱的绿植中
摆上质朴的杂货

1.甜甜圈造型的容器中挂着各种颜色和形状的多肉植物。2.一粒粒糖果般的头花蓼和紫色的铁线莲小花贴着地面生长，十分可爱。铁艺的杂货不仅是装饰，还能防止花儿被踩伤。3.外墙上靠着一扇废弃的门，门框上挂着水桶和小花盆。树的枝叶倾泻在墙上，引导着人们的视线。4.在被常春藤枝叶覆盖的地面摆放着一个星形饰品，饰品被绿植掩盖着是打造时尚感的关键。5.一个老旧的跷跷板随意地摆放在花园里，脚下长满青草，画面十分怀旧。6.花坛的围墙旁摆着架子，几种藤本植物沿墙爬行，满目绿色，搭配上旧杂货，构成了一个古朴的角落。7.古旧的婴儿车内满是银色的叶片和花朵，摆放在垂坠着常春藤的花坛前，增加了层次感。

将多肉盆栽挂在树枝上

1

小型铁架帮路边的小花吸引视线

2

装点墙面的小花盆

3

星星饰品是"绿毯"的点缀

4

用旧跷跷板打造怀旧场景

5

爬满藤本植物的墙面充满野趣

6

婴儿车里种着可爱的野花野草

7

2

可以轻松享受下午茶的英式花园

● 菊 地 协 子

前院的空间很大，弧形铺设的砖块削弱了单调感。

Garden data
花园数据
◎ 花园年龄……9年
◎ 花园面积……约70m²

花园的入口是陈旧的铁门、开满木香花的拱门和生机勃勃的橄榄树。

待在花园之中是一种享受，特别是在月季'黄油硬糖'盛开的春天，米黄色的花朵与装点墙壁的小花相互呼应着。

上左 / 月季树的脚下，柔和的圣诞玫瑰和香草争相竞放着。
上右 / 刷白的墙面和白色的窗框给人一种温馨的感觉，让花园看起来犹如英伦田园一般。

园艺工具形状的小配饰挂在枝头，让花园更有故事性。

　　曾在英国生活过的菊地女士，在着手建造自家的花园时，脑海中最先浮现出的就是一个喝下午茶的休闲花园。她认为花园应该与日常生活紧密结合，于是，她参照英国的风景和法国的书籍，开始建造花园。

　　枝叶舒展的藤蔓、茂密的灌木丛、绽放的花朵……菊地女士的花园看起来仿佛是从自然景观中切割下来的，她在这里做了很多精心的设计：覆盖着墙面、地面以及建筑空隙的植物是花园的重点，它们很好地中和了建筑物坚硬的质感，同时利用垂直空间还能感受植物的呼吸；小屋由木头、砖块等天然材料制成，板式围栏则以清新的白色和浅蓝色为主，质朴的氛围能更好地与植物融合。

　　主花园里摆放着桌椅，这里是享受悠闲下午茶的好去处，特别是在春天——菊地最爱的月季和宿根植物绽放出温柔的色彩。后期，她打算在现有的基础上继续栽种月季，让它们更旺盛地生长、绽放。

墙壁上的彩绘玻璃窗和花箱中的粉色马鞭草是绝配。

菊地家的亮眼植物

月季'黄油硬糖'
四季开花的藤本月季品种，开花时花朵由泛红的奶油色逐渐变为米黄色。花朵大而饱满，很具观赏性。

葡萄
藤本植物中叶片较大的一种，存在感强。花、果、叶四季都有不同魅力。

常春藤
生命力强且易养活的藤本植物，颇有人气。品种繁多，叶色、形状、大小各不相同。繁殖旺盛也是它们的特点。

茂密的绿叶和应季的花朵
让生活空间更加色彩斑斓

月季悠然自得地舒展枝头、绽放花蕾，它们是花园的主角。

立体空间的绿化，
让浓浓绿意蔓延

1. 薜荔在地面伸展枝叶，月季从侧面探出藤蔓，一碧千里。2. 在以绿色为主的空间里，随意地摆放一篮时令花卉，如柳穿鱼、蓝盆花等，清新的蓝色花朵让空间富有变化感。3. 为了让狭窄的小路充满立体感，两侧种植了株高较高的毛地黄和覆盖墙壁的常春藤，墙脚的绿植将墙面和地面连接了起来。4. 围栏与地面之间留有空隙，各种绿植正在这里悄悄地展示自己的风采。自然生长的鼠麴草与白板围栏仿佛天生一对，温柔的色彩加深了自然气息。5. 地面的石块没有紧密地铺满，而是给植物留出了生长空间，这样的设计也软化了材料的坚硬质感。6. 白色长椅映衬着爬满藤本植物的墙面，花儿也为绿意增色不少。

3

巧用纵向空间，
让植物更显郁郁葱葱

1

被绿意环绕的墙面

2

在绿叶中点缀一盆鲜花

4

白色围栏下
植物熠熠生辉

5

填满缝隙的植物们

6

白色长椅与绿植
完美搭配

为了遮挡外部的视线，武山先生在花园中栽种了许多高大的树木。花园中的各个角落都被装点得郁郁葱葱，随处驻足，皆见美景。

3

材料和植物都保持自然的状态，
在怀旧花园里享受不断变化的风景

● 武山穗高

Garden data
花园数据
◎花园年龄……10年
◎花园面积……约60m²

建好新房后，武山先生便开始打造他梦寐以求的花园。然而，本职工作正是建造花园的他，看着这个正对着繁华马路的花园，还是有些一筹莫展。

"我的花园就在路边，如果只是种些花花草草，花园就会被一览无余。所以我决定多种些树，打造一个森林般的花园。"武山先生说。

武山先生理想中的花园，既要能享受植物的变化，也要能自然地挡住外部的视线。于是，他在花园中种植了大量的落叶树，让人能够清晰地感受到四季的变化；用旧砖头在山坡上砌出了花坛，种上了时令花草和清香宜人的香草；沿着花坛随意地用几种石材铺出了一条石板路，供孩子们玩耍；空地则铺上草坪，栽上能开出小花的地被植物……经过一番巧妙的布置，武山打造出了一个朴素而怀旧的花园。花园里最吸引眼球的是那间武山先生亲手搭建的小屋。"小屋不仅是花园的点缀，也是休闲的空间，"他说，"在工作的间隙，我偶尔会来这里转换一下心情。"

欣赏饱含怀旧气息的乡间景色，平静感受时间的流逝

木质平台和花园小屋都是武山先生亲手打造的。为了增加私密性，平台外侧还安装了栅栏。武山先生说："在花园里喝茶观景，是消磨时间的好选择。"

怀旧风的小屋以一扇浅蓝色的门作为点缀。小屋的屋顶覆盖着英式平瓦，屋檐上的污垢能顺着墙壁流下。

武山家的亮眼植物

花叶地锦
一种木质藤本，叶片上有优美的白色脉络。春季开黄花，夏季结出深蓝色浆果，秋天叶片会变成鲜艳的红色。

千叶兰
一种观叶植物，圆形的小叶片十分可爱，茎细如铁丝。生命力旺盛，易培育，可分株或扦插繁殖。

加拿大唐棣
一种落叶灌木，可以赏花、赏果、赏红叶，优美的树形使其常常成为花园里的标志性树木。

左／工作室的入口处摆放着盆栽和杂货，靠在墙上的迎宾牌是用老木头做的。
上／这排平顶的建筑物是武山先生经营的复古砖块工作室。左侧是办公室兼样板房，他在这里提供建筑咨询服务，同时还销售复古建材和杂货。

下左／花园之中缓缓弯曲的主道旁摆放着一把被月季掩映着的长椅和一个装饰着盆栽的花架，散步于此，甚是惬意。
下右／坐在长椅上眺望远处，能看到木质平台和爬满围栏的月季，白色的建筑物和浅色的花给人以淡雅的印象。

让藤蔓覆盖花盆架

1

藤蔓和叶片在墙壁和地面肆意蔓延

1. 花叶地锦从地面攀缘到旧花盆架的顶部，充满了新鲜感和活力。2. 在信箱上摆放一小盆植物，花叶地锦下垂的枝条将墙面和信箱联结在一起。3. 地面开遍了充满野趣的花朵，这些交织的小花绘成了田野般的景象。4. 在单调的门前种上藤本植物，秋天叶片转红后，景色更是赏心悦目。5. 藤本月季'科尼莉亚'的枝条被牵引到了小径旁的车棚上，与底部种植的常绿灌木共同构筑成一道绿墙。6. 树枝呈放射状展开，上部郁郁葱葱，底部略显单薄，在底部搭配种上旺盛的香草和多肉植物，让画面更均衡。7. 用红砖块和形色各异的石块铺出了一条小路，连接处的缝隙种上了可爱的多肉植物。

信箱也能用来展示绿植

2

3

像原野一样
一望无际的景色

给玄关遮上绿窗帘

4

用藤本月季和灌木
筑成一道绿墙

5

6

树脚下也是满满绿意

在小路的缝隙中
种上常绿的多肉

7

让花园更漂亮的
经典绿植

用树木和藤蔓来增添花园的自然氛围。
巧妙搭配绿色植物，让你的花园更上一层楼！

\ 决定花园的印象 /

标志性树木

标志性树木可以决定花园的印象，有极强的存在感。种上常绿树，可以一年四季欣赏它的绿叶；种上落叶树，则可以感受四季的变化。种植前要好好考虑树的形状、枝叶的形状和栽种的位置。

油橄榄

科名：木樨科
生活型：常绿小乔木
株高：约10m
日照条件：全日照
观赏期：5—6月（花），9月（果）
耐寒性：部分品种耐寒性较强

　　这是一种很受欢迎的树，它的叶片很漂亮，正面绿色，背面银绿色。有纵向生长和横向生长的不同品种，可根据种植地点挑选合适的树形。单棵树无法授粉，如果想品尝果实，可以种植两个及以上的品种，或通过人工授粉。

野茉莉

科名：安息香科
生活型：落叶灌木或小乔木
株高：4~8m
日照条件：全日照至半阴
观赏期：5月（花），10月（果）
耐寒性：强

　　初夏时节开出许多白色或粉红色的星形花朵。它不太耐旱，尽量避免让阳光直射到树的根部。修剪时只需要剪除无用枝，任其自由生长。

初学者小提示
如何
选择和种植？

Q. 选树时应注意什么？

A. 树种下后，需要根据其生长状况对其进行修剪塑形。如果你是第一次种树，建议不要选择太大或枝叶茂密的树种。另外，根据种植空间选择树种，这一点也很关键。

Q. 常绿树和落叶树的特点是什么？

A. 落叶树主要在冬季落叶，适宜种植在阳台旁边，夏季可以庇荫，冬季又不遮挡光线；全年都能欣赏绿叶的常绿树则很适合用作隔断。

加拿大唐棣

科名：蔷薇科
生活型：落叶灌木或乔木
株高：0.5~8m
日照条件：全日照
观赏期：4—5月（花），6月（果）
耐寒性：强

春天开白花，初夏结出红色果实，秋天部分品种还有红叶可赏。耐寒性强，易于照料。花量大，仅栽种一株也能结果，果实可用来制作果酱。

光蜡树

科名：木樨科
生活型：半落叶乔木
株高：10~20m
日照条件：任何日照条件
观赏期：5~6月（花）
耐寒性：稍弱

全树长满泛着光泽的小型叶片，给人以清凉明亮的印象。树形纤细，美丽迷人。喜阳，避免种植在有北风直吹的地方，气温低时会落叶。

四照花

科名：山茱萸科
生活型：常绿或落叶小乔木
株高：5~9m
日照条件：全日照至半阴
观赏期：5~6月（花），10月（果）
耐寒性：中

初夏时节开花，花朵有着4片白色的花瓣，像一个戴着帽子的法师；到了秋天，树上会结出红色浆果。品种众多，植株不用怎么修剪就能自然成型，而且不挑土壤，抗病虫害能力强，推荐初学者种植。

银荆

科名：豆科
生活型：灌木或小乔木
株高：约15m
日照条件：全日照
观赏期：3~4月（花）
耐寒性：中

容易开花且生长旺盛。在花期，银灰色的叶片和圆圆的黄色花朵形成鲜明的对比，格外好看。冬季时需要注意不要让雪压断树枝。银荆生命力旺盛，抗逆性强，即使在贫瘠的土壤中也能良好生长，花枝还可以作为切花欣赏。

Q. 树应该种在哪里？

A. 如果你想种植一棵标志性树木，那最好种在门前或者花园的显眼处。为了能让它的根茎和枝条都尽情生长，种植时最好给它预留充足的空间。

Q. 标志性树木只能有一棵吗？

A. 如果是标志性树木的话，那一棵便足够了。同时种上好几棵，反而会削弱它的形象。选择一棵造型讨喜的树作为你花园中的标志性树木，并在其周围配以花草和灌木，使其脱颖而出。

Q. 修剪是必须的吗？

A. 有些树每年都需要修剪，而有的树生长到一定程度才需要修剪。生长旺盛的树如果不加修剪，不仅不美观，还容易发生病虫害。

\ 装点花园的好物 /
藤本植物

让旺盛的藤蔓爬满墙壁和栅栏，打造让人印象深刻的花园吧。选择开花或观叶藤蔓，将多种藤本植物组合在一起，花园更加华丽多彩，个性丰富。

常春藤

科名：五加科
生活型：常绿藤本植物
日照条件：任何日照条件
观赏期：全年
耐寒性：强

耐阴，叶色繁多，有绿色、白色和黄色，可以为阴暗的角落增亮添彩。藤蔓的生命力很强，放任不管的话会爬上其他的树、墙和栅栏，可对枝头进行适当地修剪。

素馨叶白英

科名：茄科
生活型：半常绿藤本植物
日照条件：全日照至半阴
观赏期：7—10月（花）
耐寒性：中

随着夏天的到来，花会相继绽放，花色从最初的淡紫色渐渐变成白色，十分华丽。枝条生长旺盛，蔓延迅速，是一种耐寒、易种植的植物，不太需要费心照料。

铁线莲

科名：毛茛科
生活型：落叶或常绿藤本植物
日照条件：全日照
观赏期：因品种而异
耐寒性：因品种而异

品种众多，有常绿的，也有落叶的，都很容易种植。花的颜色和形状也多种多样，也可作为地被植物。有的品种四季开花，有的只在春季或冬季开花。不同品种的修剪方法也不同，一定要提前确认。

初学者小提示
如何选择和种植？

Q. 所有的藤本植物都需要牵引吗？

A. 一般来说，卷须类的藤本植物和用吸盘或气生根附着在墙上生长的吸附类藤本植物不需要牵引，而依靠藤蔓延伸的，则需要牵引到攀爬架或墙壁上。

Q. 枝条会伸展多长？

A. 不同植物或相同植物的不同品种枝条伸展长度都会有所不同。月季和铁线莲的品种众多，枝条伸展长度不一，最好根据种植地点和种植环境选择合适的品种种植。

络石

科名：夹竹桃科
生活型：常绿藤本植物
日照条件：全日照至半阴
观赏期：6月（花）
耐寒性：强

春天藤蔓生长旺盛，植株上开满了芬芳的花朵。耐寒，容易种植，很适合初学者。只要有墙就能迅速攀缘而上，是大空间的理想选择。

藤本月季

科名：蔷薇科
生活型：落叶藤本植物
日照条件：全日照至半阴
观赏期：因品种而异
耐寒性：因品种而异

藤本月季绚丽优雅，品种繁多，颜色、形状、香味和枝条粗细各不相同。推荐初学者从藤蔓纤细柔软的品种开始种植。不同品种的花期也有所不同，有的品种春季开花，有的品种四季开花。

花叶地锦

科名：葡萄科
生活型：落叶藤本植物
日照条件：任何日照条件
观赏期：4—11月（叶）
耐寒性：强

叶片上有网状的白色脉络，很是别致。茎卷须顶端膨大形成吸盘，附着在墙壁上生长。黄色的小花在春天绽放，之后结出深蓝色的浆果，秋天还可以欣赏红叶。

忍冬

科名：忍冬科
生活型：半常绿藤本植物
日照条件：全日照至半阴
观赏期：6—8月（花）
耐寒性：强

花朵细长，花形独特，色彩艳丽，香味浓郁。花朵有橙色、黄色、粉色、白色等多种颜色，生长旺盛。忍冬的英文名称是honeysuckle，因蜜蜂常来吸食它的花蜜而得名。

Q. 所有藤本植物都需要修剪吗？

A. 藤本植物的生命力一般都很旺盛，可以适当修剪掉过度生长的部分，让空气流通得更好。不过，如果它只在新枝上开花，那就可以把老枝剪掉，促进花芽生长。

Q. 可以种植两种以上的藤本植物吗？

A. 可以，不过需要更多时间照料。牵引多种植物时最好让彼此隔开一段距离，否则生命力较强的枝条可能会强势伸展，从而导致其他枝条枯死。另外，需要确保每株植物都能得到充足的阳光。

Q. 冬季需要对植物进行养护吗？

A. 冬季气温下降，植物生长停滞，是清理茂密或生长过旺的藤蔓的好时机。最好在气温上升前进行。但有些品种会在这个时期长出花芽，修剪时需要格外注意

\ 时尚花园的关键 /
地被植物

覆盖地面和植物脚下的地被植物是打造时尚花园的必备。巧妙搭配不同的彩叶，让地面也精致起来。这些植物很多都很容易种植，对初学者来说是不错的选择。

筋骨草

科名：唇形科
生活型：多年生草本植物
株高：10~15cm
日照条件：全日照至半阴
观赏期：4—5月（花）
耐寒性：强

春天开出蓝紫色或粉红色的穗状小花，花穗一同向上生长，十分可爱。有斑叶和紫红叶品种，不开花的时候还可以欣赏美丽的叶片，是种在树下或背阴处用来增加色彩的好选择。

铺地百里香

科名：唇形科
生活型：多年生草本植物
株高：约10cm
日照条件：全日照
观赏期：5—6月（花）
耐寒性：强

芳香宜人，横向生长。品种多样，有窄叶的品种、白色或黄色的斑叶品种，还有叶片被疏短柔毛的品种，香味也各异。初夏时节，茎端开出粉色或白色的花朵。盛开时，花朵覆盖植株，十分美丽。

飞蓬

科名：菊科
生活型：多年生草本植物
株高：10~15cm
日照条件：全日照至半阴
观赏期：4—11月（花）
耐寒性：强

从春天到深秋，它能连续开出一连串类似小菊花的花朵。白色的花瓣随着盛开的过程会变成粉红色。非常耐寒，基本不需要照料，随手撒下的种子也能良好生长，推荐初学者种植。

初学者小提示
如何
选择和种植？

Q. 地被植物能蔓延多远？

A. 地被植物在适宜的条件下会不断蔓延，它们可以通过爬行的枝条、根部或匍匐茎不断扩大"领地"。注意，不要让它们蔓延得太远，否则会导致植株逐渐衰弱。

Q. 地被植物生长速度快吗？

A. 大部分地被植物生命力旺盛，能迅速横向蔓延开来。但是，这也取决于品种和环境，如果空间有限，最好不要种植太多。

苔景天

科名：景天科
生活型：多年生草本植物
株高：5~15cm
日照条件：全日照至半阴
观赏期：5—7月（花），全年（叶）
耐寒性：强

叶形独具特色，品种繁多，有蓝色、黄色、红褐色和粉红色等多种叶色。叶片会密密麻麻地覆盖地面。耐旱、耐寒，在恶劣的环境下也能生长良好，很容易照料。

头花蓼

科名：蓼科
生活型：多年生草本植物
株高：约10cm
日照条件：全日照至半阴
观赏期：7—11月（花）
耐寒性：强

叶片带有花纹，有很强的观赏性，从初夏到深秋，枝条顶端会开出许多球状的粉红色小花。秋季叶片转红，在气候温暖的地方，冬季也不落叶。生命力旺盛，耐高温、耐寒、耐旱。

姬岩垂草

科名：马鞭草科
生活型：多年生草本植物
株高：5~10cm
日照条件：全日照至半阴
观赏期：6—9月（花）
耐寒性：强

能开放类似马缨丹的粉红色小花。耐热、耐寒，生命力强。植株低矮，铺地而生，犹如花毯一样铺开，能很好地抑制杂草的生长，是园林绿化的优秀植材。

过路黄

科名：报春花科
生活型：多年生草本植物
株高：约10cm
日照条件：全日照至半阴
观赏期：6月（花）
耐寒性：强

茎柔弱，平卧延伸，浅绿色的小圆叶覆盖地面，初夏枝头会开出黄色的小花，让花园的阴暗区域明亮起来。耐寒性极佳，喜欢稍微潮湿的地方。

Q. 地被植物如何繁殖？

A. 很多地被植物的枝节都可以生出根来，可以采用扦插繁殖来扩大栽培面积。如果你想将一种地被植物种在别的地方，剪下一截枝条，埋在你想种的地方即可，只要环境合适，它们一般都能成活。

Q. 地被植物需不需要摘心？

A. 大部分地被植物的花朵都很小，可以不进行摘心，况且，很多地被植物会陆续开花，即使不摘心花量也不会减少，可以放任它们生长。

Q. 地被植物需要施肥吗？

A. 大多数地被植物的生命力都很旺盛，不需要特别的肥料。如果因栽培时间过长而发育不良，可施少量肥料。

助你打造精致的花园
来自园艺店的装饰指南

本章我们邀请了几位园艺店店主分享他们装点店铺的灵感
与创意，比如：如何装点出一个吸引眼球的角落，如何巧妙地
搭配盆栽植物和小装饰品，等等。

用绿植和杂货
提升角落的魅力值

用绿植和杂货来装饰一个舒适的空间吧！我们邀请了几位园艺店店主来分享他们布置小空间的创意，并介绍了杂货的搭配技巧和易于上手的植物，希望能对你有所帮助。

IN NATURAL

马口铁的质朴外观与绿色植物十分相配

　　收集几个大小不一的铁皮水壶或水桶作为花器，以凸显层次感，在里面种上叶色较深的植物，共同营造出自然、沉静的氛围。

我是一名绿植搭配师，如果您对选择合适的花园配饰有任何疑问，请联系我。

加藤雅大

使用天然素材打造可爱场景

　　"IN NATURAL"是一家出售多种适宜盆养的花苗和彩叶植物的园艺店。各种受欢迎的观花植物、观叶植物和树木在这里应有尽有。除了绿植，这里还出售天然材质的杂货，复古风格的椅子、梯子等，这些都是营造自然氛围的绝佳素材。

　　下面，就由店主加藤雅大为大家展示如何利用篮子、木梯等天然材料及马口铁制品做出简单而精彩的搭配吧。

用日常用品打造温馨的角落

藤筐里混合种植着两种常春藤，搪瓷杯、小椅子等让人联想到日常生活的物品摆放在一旁，营造出温馨的氛围。

有层次感的俏皮搭配

深色的木板墙上垂直挂着橙色和黄色的篮筐，筐里装饰着红莓苔子。下方的凳子上，铺着棕榈丝的鸟笼里装满了结着红色果子的冬青白珠树枝，仿佛有鸟儿在这里玩耍。

在课桌中栽种绿植

复古色的课桌里面种满了深深浅浅的绿色植物，高低错落的布局可以营造出立体的效果。

被植物包围的角落

将一个经过特殊处理的不易破的牛皮纸储物箱作为花器，种上枝条纤长的球兰，旁边的玻璃箱中摆放着观叶植物，墙上的铁丝箱中则装饰着干花，整体搭配和谐统一。

推荐植物

柳穿鱼'古银'
玄参科多年生草本。能开出许多淡蓝色的花朵，花朵姿态柔美。

尤加利
桃金娘科乔木。叶片有着清爽的香气，很受人们的喜爱。枝条风干后可作为干花装饰空间。

帚石南'花园少女'
杜鹃花科常绿灌木。耐寒，秋冬季会开出许多白色和粉红色的小花。

络石
夹竹桃科常绿木质藤本。适合盆养、悬挂或地面栽培。红色和粉色的新芽衬着色彩斑斓的叶片，优美至极。

搭配的技巧在于打造亮点

如果你有好几盆多肉植物，可以选择一盆来重点装饰。将选好的盆栽放在彩色的托盘上，再在一旁装饰上两个小巧的长颈鹿雕塑，打造出视觉焦点。

推荐植物

绯牡丹
（砧木是三角仙人掌）
仙人掌科肉质植物。球体会变成鲜红色或黄色，给人以轻快明亮的印象，与下面绿色的砧木形成鲜明的对比，极为美观。

地锦
葡萄科藤本植物。深绿色的叶片成簇垂下，适合与马口铁、白色杂货等简单的物品搭配在一起。

小粒咖啡
茜草科植物。深绿色的叶片富有光泽，非常漂亮。随着生长会开出白色的花，结出红色的浆果。适宜摆放在通风良好、阳光充足的地方。

搭配上小道具，让盆栽造型更别致

"TODAY'S SPECIAL"是一家以生活与美食DIY为主题的店铺，在这里你能学到一些如何让日常生活变得更有乐趣的装饰小妙招。

植物区里出售着适合城市种植的观叶植物、多肉植物、气生植物，还有园艺用品和杂货。店主滨中一辉很擅长都市风的简单搭配，下面，将由他来向大家展示如何用绿植装饰室内或户外小空间。

我擅长都市风的简单搭配，如果您在这方面有任何疑问，请联系我吧！

滨中一辉

挂上几个小彩盆，营造出热闹的气氛

将珍珠吊兰挂在五彩斑斓的小盆里，垂在盆外的叶子像一颗颗绿豆一样，在窗外光线的照耀下，洋溢着明媚欢快的气息。

用彩色瓷砖给绿植增添暖意

简单的铁丝篮筐中随意地摆放着两株大型的气生植物，一旁的红色、蓝色瓷砖，沉静优雅，放置其上的浇水壶造型别致，也是这个空间的点缀。

用玻璃瓶搭配水培植物

水培植物不需要土壤，可以放在各种造型的玻璃瓶或其他容器中培养，是种在厨房或其他需要保持清洁的区域的好选择。把几个不同造型的玻璃瓶摆放在一起，增加层次感。

用银色器皿来衬托低矮的绿植

将几种不同的景天属植物种在马口铁罐里，再装饰上名牌或勺状装饰签，空间立刻立体起来。这种将颜色与形状各异的景天属植物归置到同一个盒子中的装饰方法可以营造出统一的观感，提升空间的美观度。

古旧铁丝筐中绽放着鲜嫩的野花

生锈的铁丝筐挂在墙壁上，上层摆放着园艺工具，下层则栽种着一盆野花，仿佛乡村农场中的一景。

无论您想打造时尚风还是怀旧风花园，都可以与我们联系！

佐藤优（左）和堀田裕大（右）

用绿植制作飞翔的小鸟

将麻布咖啡袋剪成合适的大小，包裹住长茎景天（连土一起），然后用喜欢的彩色麻绳将其悬挂起来，仿佛一只只飞翔的鸟儿，点缀在花园之中，让空间充满童趣。

搭配陈旧的单品
来彰显花园的自然感

"GREEN GALLERY GARDENS"是一家拥有约1000种树木、宿根植物和观叶植物的园艺店，其中宿根植物种类尤其丰富，有300~400个品种。

店内的样板花园中应用了很多怀旧风的元素。下面，请跟随堀田裕大和佐藤优来了解一下老物件的搭配技巧，以及适宜盆栽的植物吧。

用植物与画框打造艺术品般的装饰素材

将复古画框放在地上，框住植物，轻轻松松就能在花园里打造一幅立体画作。

挂上不同颜色的篮子，让高处也热闹起来

如果低矮植物的上方空间太过单调，可以错落地悬挂不同颜色的藤条篮，营造出有趣的氛围。

打造如同明信片上的旧日景象

在古朴的花盆里种满多肉植物，旁边再摆放几个旧瓷瓶，画面立刻别致起来。一旁的园艺工具给人一种仿佛正在种植多肉的感觉。

以金属板作背景，为花园增添季节感

涂了文字的金属板靠着陈旧的苗木箱摆放。随着季节更换不同颜色的装饰板，可轻松转换气氛。

推荐植物

旧罐头与可爱花朵的绝妙搭配

罐子外侧的小花贴纸与里面的可爱花朵相互呼应，很是搭配。沿着罐子上方剪开一条缝，向左右两边撕开，再用螺丝钉将罐子一个个并排固定在栅栏上，格外有趣。

可以根据自己的喜好来剪裁、固定罐子。

瑞士甜菜
苋科植物。叶茎颜色鲜艳，耐寒，常作为彩叶种植在容器中，为冬天增添色彩和活力。

香堇菜'演化'
堇菜科植物。花色多样，茎长而直。花朵很引人注目，多株或单株种植都是不错的选择。

筋骨草'北极狐'
唇形科植物。生长迅速，可以作为地被植物种植在阴凉处，宽大的铜色叶片是盆栽或花园的极佳点缀。

鳞叶菊
菊科植物。非常适合与其他植物混合种植，尤其是与紫红色彩叶和大片绿植十分般配。

悬钩子
蔷薇科植物。新芽呈黄色，后期逐渐变成深绿色。红叶时期边缘会变成褐色。

棕红薹草
莎草科常绿植物。在绿植中插上一棵，能让氛围显得更加柔和。

轻松搭配 组合盆栽

在花园里装饰上组合盆栽，通过变换植物还能增添季节性风采。你可以自由搭配植物的颜色和大小。

案例 1 红、绿色的花环盆栽是圣诞节的最佳选择

红色和绿色的组合是营造圣诞节氛围的最佳选择。将红色的香堇菜与冬青白珠树的红果做成花环，少许的庭荠和臭叶木更增添了自然的气息。

案例 2 黑沿阶草给可爱的粉花增添了动感

以可爱的浅粉色五星花为主的盆栽点缀了几枝黑沿阶草，作品立刻有了层次感，自然风的花盆也是点睛之处。

植物清单
· 黑沿阶草
· 观叶辣椒 '紫雨'
· 五星花

植物清单
· 冬青白珠树 '莓莓'
· 香堇菜 '红砖百日'
· 庭荠
· 臭叶木 '比特森金'

案例 3

红色的花、果、叶为花园
添上浓墨重彩的一笔

　　红色的茵芋花配上冬青白珠树的红果和矾根的红叶，构成一个华丽的组合，朴素的花篮又增添了自然的气息。

植物清单
· 彩桃木 '魔龙'
· 淡红茵芋
· 矾根 '甜心公主'
· 冬青白珠树
· 臭叶木 '牛舌草'

案例 4

生动活泼的小花搭配
质朴的马口铁容器

　　在以黄色为主色调的花材盆栽中点缀圆形的香堇菜、姬小菊，以及垂直生长的臭叶木等植物，不同形态的植物组合，丰富了盆栽的个性。

植物清单
· 烟斗欧石南
· 姬小菊 '阳光'
· 臭叶木 '比特森金'
· 香堇菜 '满天'

案例 5

为墙壁和围栏增添了一丝魅力

　　将时令花卉与绿植搭配种植往往能打造出充满自然气息的组合。垂坠下来的枝条是这个组合盆栽的点睛之处。

植物清单
· 香堇菜 '玛利亚'
· 香堇菜 '双色报春花'
· 紫金牛 '平成光辉'
· 臭叶木 '比特森金'
· 亮叶忍冬 '柠檬美人'
· 圆叶牛至

金久园艺店

　　这是一家秉承着打造温馨宁静空间的理念，让花草在这里四季绽放的大型园艺店，出售多种植物和杂货，包括观赏花、室内绿植及容器和材料等。自然风与现代风等各类风格的杂货一应俱全。

117

打造优雅花园的技巧

我们走访了一个每月开放一次的开放式花园——爱丽丝花园，为打造一个自然气息浓郁的花园寻找思路。

花园中的办公室被装扮得犹如林间木屋，油漆斑驳的木质墙壁十分雅致。

这几把充满印尼风情的绿色椅子是露台的亮点。这里不仅是享用午餐的好地方，也能作为花园中的露天教室。

在古朴的花园之中
感受时光的宁静流淌

古老的家具和古朴的建筑构成了这个地道的英式花园——爱丽丝花园。通过选择适合环境的植物，主人将这里打造成了一个不仅让人感到放松，还能吸引昆虫和鸟类的自然花园。开放日里，游客们可以在花园之中品尝烤饼、自制果酱等点心，还可以购买来自英国的园艺商品。

左 / 通往小屋的楼梯两旁植物长得郁郁葱葱，一边的木箱和书桌上也摆放着植物和杂货。
上 / 办公室的古朴大门与绿植构成的画面，仿佛外文书中的某个场景。

小屋旁摆着一把椅子，此处视野极佳，可以坐在这里欣赏花园的景色，悠闲地眺望远处的树木，忘记日常生活的喧嚣。

用石头堆成的园中小径不仅充满自然的韵味，还能起到固定土壤的作用。两侧深深浅浅的绿色植物中，小花正在悄悄绽放。

茂密的绿植中随意地摆放着一个老物件，走在花园之中，随处都能看见这样的装饰。

盛开的黄金菊和怀旧的杂货构成了一个充满故事性的角落，挂在树干上的那个锈迹斑斑的红盆是这个角落的亮点。

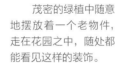
花园里
秋天盛开的小花

黄金菊

上、下图都是秋明菊

除了花草外，该店还出售来自英国的花盆。

图书在版编目（CIP）数据

自然风格花园 / 日本 FG 武藏编著；裴寻译 . 一 武
汉：湖北科学技术出版社，2021.12
（绿手指杂货大师系列）
ISBN 978-7-5706-1725-8

Ⅰ.①自… Ⅱ.①日… ②裴… Ⅲ.①花卉－观赏园
艺 Ⅳ . ① S68

中国版本图书馆 CIP 数据核字 (2021) 第234897号

自然风格花园
ZIRAN FENGGE HUAYUAN

责任编辑：张荔菲
美术编辑：胡　博
督　　印：刘春尧

出版发行：湖北科学技术出版社
地　　址：湖北省武汉市雄楚大道268号出版文化城 B 座
　　　　　13—14层
邮　　编：430070
电　　话：027-87679468
印　　刷：武汉市金港彩印有限公司
邮　　编：430023
开　　本：889×1194 1/16 7.5印张
版　　次：2021年12月第1版
印　　次：2021年12月第1次印刷
字　　数：150千字
定　　价：58.00元

（本书如有印装质量问题，请与本社市场部联系调换）